大 地 二 十 四 颜

蒋云涛/一 方 著

人民邮电出版社
北 京

节气为笔，
大地似布，
涂抹出时光之颜。

目录

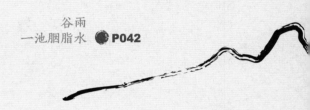

大 地 二 十 四 颜

大地二十四颜 ◆ 春

立春
柳色早黄浅

柳色早黄浅，水文新绿微

柳黄知节变，草绿识春归

立春时节，北国的绿意还在料峭的春寒中酝酿，南国却已东风日暖、大地温润。阳和启蛰，品物皆春，春以其特有的形质，从南到北，慢慢铺展开来。

柳树是春的信使，早早传递春的讯息。唐代大诗人白居易这样描写立春日之景："柳色早黄浅，水文新绿微。"意思是：柳树刚刚发出浅黄色的嫩芽，水里的波纹是那样的清新，到处充盈着春的气息。数九歌谣中唱道："五九六九，沿河看柳。"早春，河畔的柳树宛如一团团缥缈的烟霭，缀着毛茸茸的嫩穗的万缕丝绦，在乍暖还寒的清风中悄然舒展着筋骨。四时又迎来了新的轮回，大自然再次展露出欣欣然张开眼的惺忪神态。

上 字体／严永亮
水墨／蒋非然 下

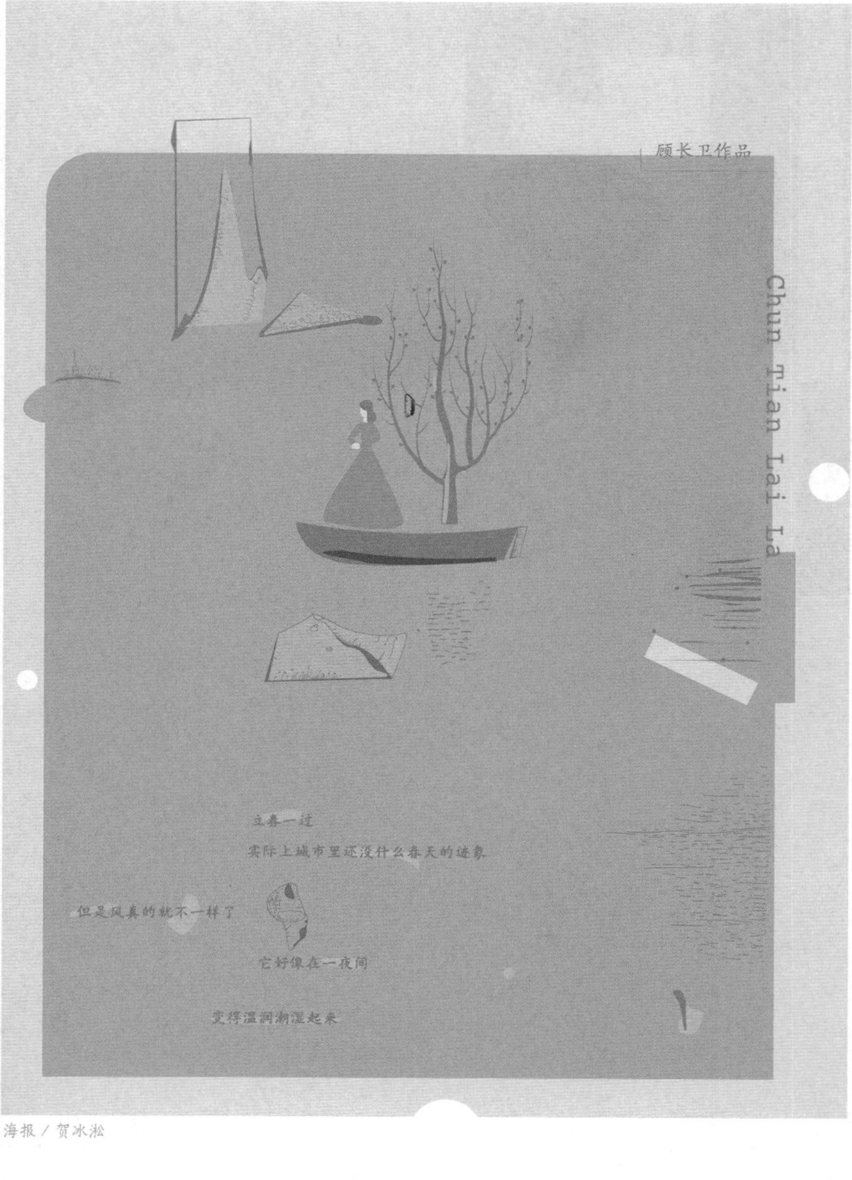
顾长卫作品
Chun Tian Lai La
立春一过
实际上城市里还没什么春天的迹象
但是风真的就不一样了
它好像在一夜间
变得温润潮湿起来

海报 / 贺冰淞

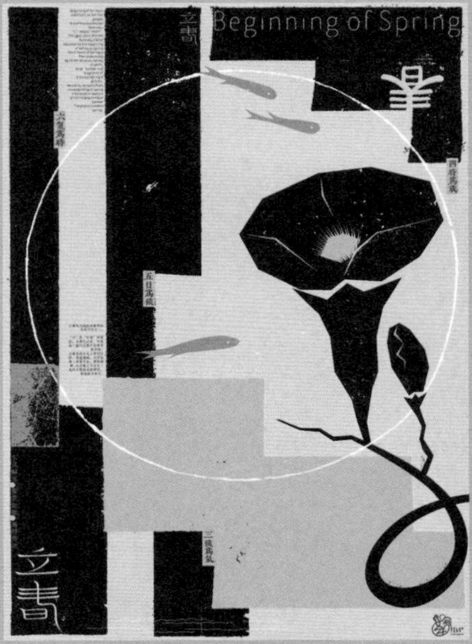

上 海报 / 徐伟

拼贴 / 杜少峰 下

“柳黄”一词最早出现在隋代。《乐府诗集》中记载了隋代诗词名家王胄的诗：“柳黄知节变，草绿识春归。复道含云影，重檐照日辉。”到了明代，柳黄已经成为纺织品的色彩名称了。

在元末明初文学家、史学家陶宗仪所著的《南村辍耕录》一书中，记载了关于柳黄的绘画调色技巧：“柳黄，用粉入三绿标，并少藤黄合。”天然染色专家分析，柳黄是一种浅绿中带黄的颜色。三绿属于矿物颜料，由石绿所制。粉是腻粉还是淀粉，不得而知。藤黄是植物染料，以粉冲淡绿色加少许黄色，形成了柳黄的颜色。《南村辍耕录》是陶宗仪居于松江时所撰的笔记，它不仅对每一种颜色做了注解，还简明地写出了染料配方与调色过程。

《红楼梦》第三十五回宝玉道：“松花色配什么？”莺儿道：“松花配桃红。”宝玉笑道：“这才娇艳。再要雅淡之中带些娇艳。”莺儿道：“葱绿柳黄，可倒还雅致。”可见，柳黄是曹雪芹心中的雅致之色。

中国人惜柳、爱柳，自古以来对柳树情有独钟。“柳”与“留”谐音，“折柳寄情”的习俗最早出现在《诗经》中：“昔我往矣，杨柳依依”。柳是“精灵之所钟”，即柳被认为是一种集天地之灵气的珍奇之树。以柳喻人、以柳寄意、以柳抒情、借柳感悟人生，比比皆是。

柳枝发芽是立春的标志，蕴含着“春常在”的美好愿景。

折纸／王红韬

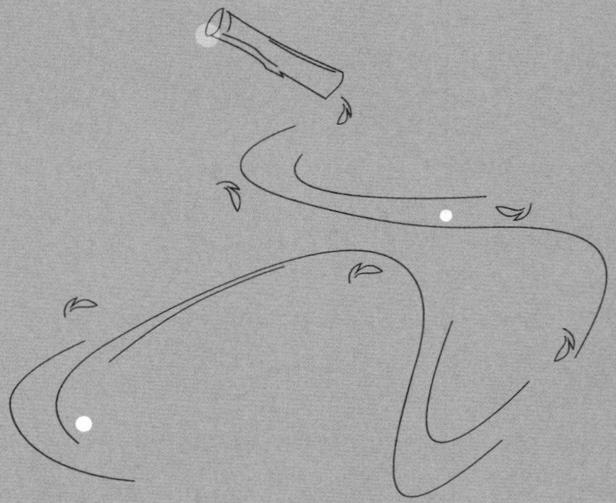

立春之物：柳哨

柳哨，用早春刚发芽的柳条制成的哨子，
男孩子尤其喜爱的小玩意。
挑选粗细适中的嫩枝条，
经过切削与揉拧，
使树皮完整『离骨』，
一支柳哨就做成了。
柳哨声声，
吹来了温暖的春天。

Tips

宋人笔下的“柳黄”

立春后三日作

宋 · 陆游

拂面毵毵卷柳黄，穿帘细细野梅香。
春回江表常年早，日向山中特地长。
千古事终输钓艇，一毫忧不到禅房。
绿尊掩罢惟须睡，高枕看人举世忙。

好事近 · 春意满西湖

宋 · 辛弃疾

春意满西湖，湖上柳黄时节。
濒水雾窗云户，贮楚宫人物。
一年管领好花枝，东风共披拂。
已约醉骑双凤。玩三山风月。

送常熟钱尉

宋 · 范仲淹

姑苏台下水如蓝，天赐仙乡奉旨甘。
梅淡柳黄春不浅，王孙归思满江南。

游东山示客

宋 · 曾巩

虞寄庵余藓径通，满山台殿出青红。
难逢堆案文书少，偶见凭栏笑语同。
梅粉巧含溪上雪，柳黄微破日边风。
从今准拟频行乐，日伴樽前白发翁。

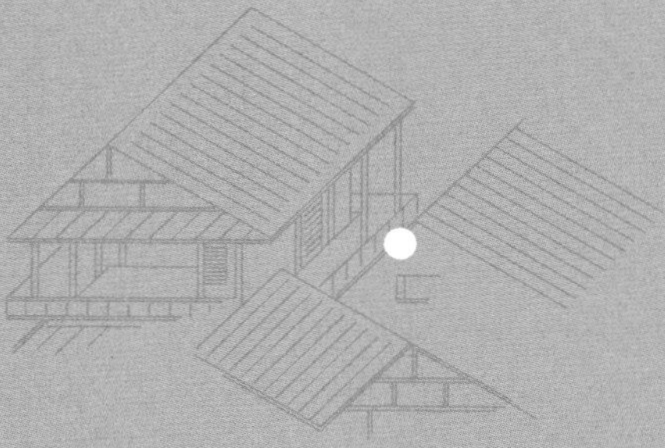

雨水
天青等烟雨

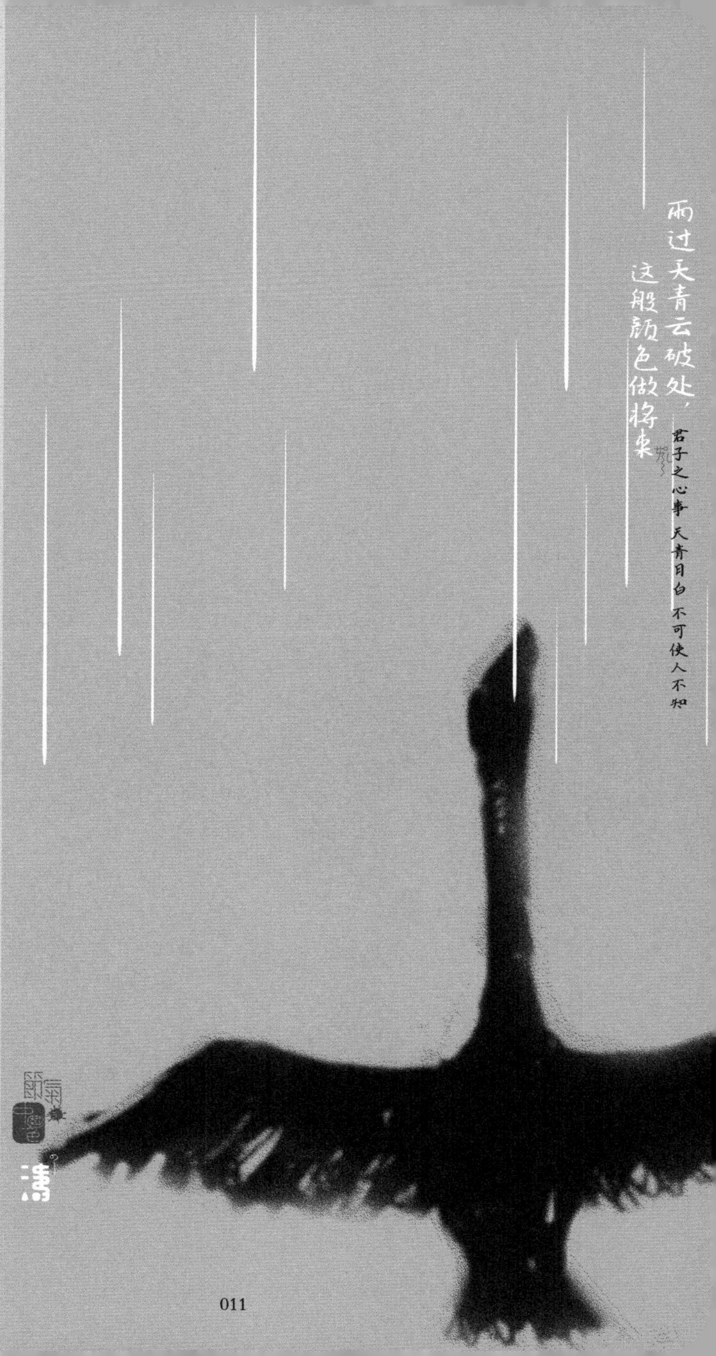
雨过天青云破处，
这般颜色做将来
君子之心事 天青日白 不可使人不知

水彩 / 李光安

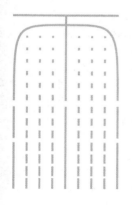

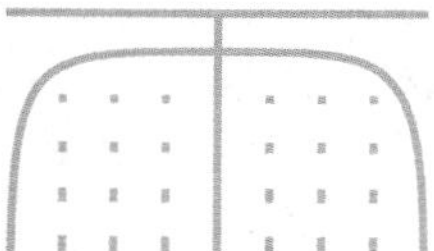

上 剪纸／赵希岗

字体／严永亮 下

立春过后，便是雨水。温润的东风徐徐吹来，“微云复成雨”。正月中，“天一生水”，雨水是充满生命活力的节气。

人类自古傍水而居，而水系的最佳给养便是雨水。古人将雨水奉为“天水”，千百年来对其心存期盼，又心怀敬畏。古时，农人靠天吃饭，雨水便是庄稼的血，是农耕文明的重要功臣。今日，都市人眼中的雨水节气代表着浪漫、温情与诗意。在作家冯唐的作品《三十六大》中，有一句描写春雨的诗：“春水初生，春林初盛，春风十里，不如你。”在广受大众喜爱的流行歌曲中，一句“天青色等烟雨，而我在等你”，令听者心底一份莫名的感动升腾而起——那恰到好处的一抹天青，不仅是雨天天幕的颜色，还是等待的颜色。雨水时节的到来，为人心注入了悲喜。

海报 / 贺冰淞

相传，天青色起源于北宋皇帝宋徽宗的一段梦境。在梦中，雨过天晴云散去，天空露出一抹清润脱俗的色彩。徽宗为之神往，写就“雨过天青云破处，这般颜色做将来”的诗句，并令工匠烧制天青色的瓷器，最终诞生了汝瓷的“天青釉”。

宋徽宗笃信道教，他自封“教主道君皇帝”。在道教仪式中，给天神写的祈祷词叫“青词”，又叫“绿章”。写青词绿章的纸，呈淡淡的天青色。道教对青色的追求，直接影响了宋徽宗的审美，而宋徽宗又将个人审美，倾注到他心爱的青瓷中。天青色的汝窑瓷器烧制出来后，自然成为宋徽宗的最爱。

可能有人会问，青瓷颜色深浅不甚相同，到底哪个才是宋徽宗魂牵梦萦的天青色？其实，天青色是一个文学词汇，没有确切的颜色定义，它就像雨过天晴，极目天际，那一抹淡淡晕开的颜色不甚相同一样。这也是中国传统色彩命名的普遍特点。

故宫博物院的专家措辞清晰地描述了天青色：随着烧成温度的不同，颜色和深浅略有差别，但却不偏离天青这个基本色调。天青色介于蓝、绿二色之间，绿色是一种充满静谧感的温和色彩，而蓝色则是带有神秘感的冷色，天青色既有蓝色之冷，又具绿色之暖，是一种冷暖适中、优雅和谐的色调。

天青二字，脱俗于世间，注定了其神秘、内秀的气质。

在古典文学中有众多关于青的描写——“青出于蓝而胜于蓝”，出自荀子的《劝学》，比喻后辈胜过前人。“青青子衿，悠悠我心”，古时读书人常穿青色的长衫，故以“青衿”借指读书人。天青色，在中国传统文化里也代表着光明磊落——“君子之心事，天青日白，不可使人不知”。

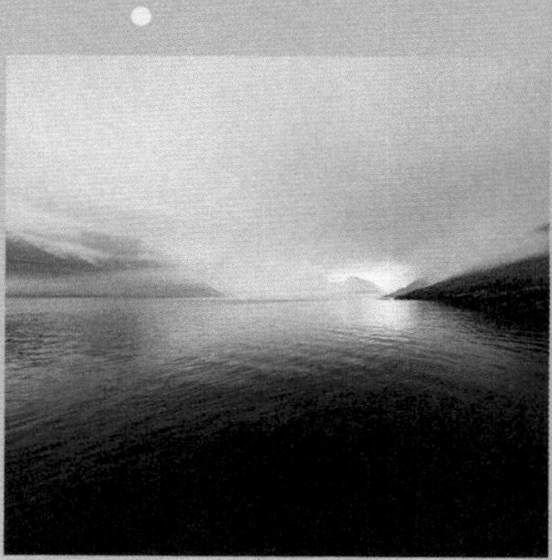

上 摄影 / 陈阳
水墨 / 李啸海 下

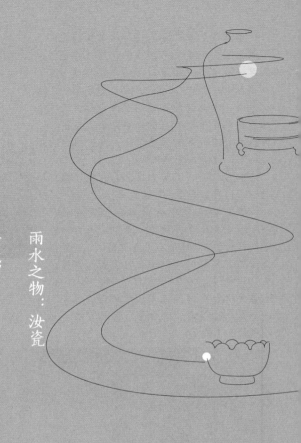

雨水之物：汝瓷

汝瓷，
始烧于唐，盛名于宋，
位居宋代『五大名瓷』之首。
『汝』是瓷器生产地的名字。
汝瓷以其纯洁、素雅、淡泊的特点闻名于世，
被誉为中国瓷器发展史中的瑰宝。

Tips

“微云复成雨”

出自宋代陆游的《春晚叹》。

一风已快晴，微云复成雨。
盛丽女郎花，坐看委泥土。
蜂房蜜已熟，科斗生两股。
堂堂一年春，结束听杜宇。
老夫久卧疾，乃复健如许。
便当裹米糰，烂醉作端午。

何谓“天一生水”

“天一生水，地六成之”，
源自古人对天象的观测。
“天一生水”的意思是，
水是宇宙中最先诞生的物质。

“雨过天青云破处，这般颜色做将来”诗句另有出处？

有一种说法，
这句诗最早出自五代十国皇帝周世宗之手。
周世宗本名柴荣，
后周的第二位皇帝。
柴窑，古代著名瓷窑之一。
故址在今河南省郑州市一带。
相传为周世宗柴荣指令建造。
当时称为御窑，到了宋代始称柴窑。
不过，迄今为止，
柴窑并无传世之品。

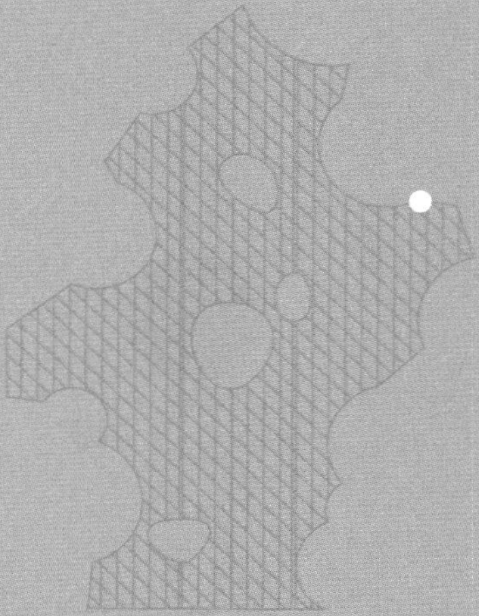

惊蛰
汉紫破天惊

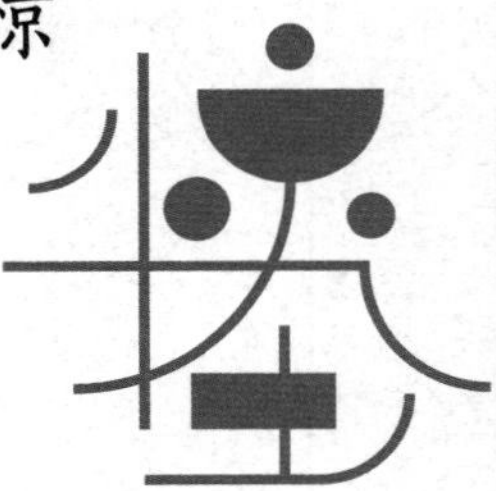

天际摩擦碰撞出一道道
惊心动魄的紫色闪电

紫气东来

每年春天初闻雷声，都会产生霍然而惊之感。一阵阵由远而近的春雷，惊醒了土地中酣眠的生命，天地间恢复生机，鼎沸喧腾。

惊蛰，可谓是古人从春天的无数个瞬间之中，抽取的一帧极具能量的画面。仿佛是天庭的雷神，在天际摩擦碰撞出一道道惊心动魄的紫色闪电，调和了冷与暖，跨越了冬与春。

紫色是能量与灵性兼具的颜色，有无数种明暗和色调可以选择，冷一些或者暖一些，带给人的感受均不相同。

水彩 / 李光安

惊蛰

左 字体 / 严永亮
插画 / 唐波 右

水墨 / 李啸海

在中国传统文化中，紫色虽非正色，但由于它与神仙、圣人、帝王的紧密联系，因而被赋予了神秘、独特的气质。《山海经》中记录了一种神，人首蛇身，常穿紫色的衣服，哪位国君若向此神献上祭品来祭祀它，就可以一统天下。传说老子过函谷关之前，守关人看见有紫气从东而至，没过多久，老子就骑着青牛而来，守关人便知这是圣人。“紫气东来”的典故，便来于此。秦汉先人以紫为天之色，紫穹、紫宙、紫冥都是天空的代称，帝居或帝位被称为紫禁、紫垣、紫阙。

《齐桓公好服紫》是中国古代的一则寓言，出自《韩非子》：齐桓公非常喜欢穿紫色的衣服，受他的影响，齐国人便都穿紫色的衣服，当时一匹紫绸的价格比五匹素绸还要高。汉代，紫色成为与朱色比肩的官服色彩。到了唐代，“紫”居于“朱”之上。宋初的官员服色沿袭唐制，到了宋神宗年间，才改为四品以上的官员服色为紫色。

上 摄影 / 陈阳
海报 / 徐伟 下

秦始皇陵兵马俑是迄今保留下来的最早使用紫色的实物。1992年，美国颜料学家在中国汉代陶器彩绘颜料中，发现了硅酸铜钡的成分——一种几乎不可能天然存在的紫色物质。这位颜料学家感到非常惊讶，遂将这种颜料命名为“汉紫”以示纪念。其实，紫色是自然界一种极少见的色彩。中国古代早期的颜料多取自矿物质和植物，汉紫这种完全由人工合成的颜色，因制作方法复杂而显得弥足珍贵。紫色颜料的出现，意味着中国工匠早在两三千年前就开始人工合成无机化学物质，这甚至早于造纸术的发明。

图中英文：惊蛰

有专家推测，紫色或许是古代道士炼丹的偶然所得。由于紫色的罕见，帝王才将它用在重要或特殊的器物上，以彰显至高无上的权力。

惊蛰之物：漆器

漆器是中国古代文化的瑰宝，
也是化学工艺及工艺美术领域的重要发明。
制作漆器的涂料大漆，俗称生漆，
是漆树的一种分泌物，主要化学成分为漆酚。
中国是世界上最早发明漆器的国家。
在汉代的漆器中，
出现了许多奇异的云雷纹饰，
它们象征着古人对惊蛰之雷的敬畏。

Tips

《山海经》

《山海经》是中国先秦古籍，成书于战国至汉代初期，记述了古代神话、地理、动物、植物、矿物、巫术、宗教、历史、医药、民俗及民族等方面的内容。

兵马俑有颜色吗？

秦始皇陵兵马俑至少有几十种颜色：
比如朱红、汉紫、粉、墨绿、中黄、赭等。
由于历经了几千年的掩埋，
重见天日之后，
染料很快就自动分解脱落了，
变成人们今天看到的样子。

中国传统五正色

青、赤、黄、白、黑，
为中国传统五正色。
五色源于五行，
由金、木、水、火、土而形成。
古人认为，
五行是产生自然万物的五种基本元素，
并将色彩与天道自然规律的五行法则联系起来，
从而形成了传统五正色学说。

春分
桃腮着新粉

东风着意　先上小桃枝

桃之夭夭　灼灼其华

“东风着意，先上小桃枝。”古人以如此简洁、明丽的诗句道出，烂漫春色，先是桃花给的。

桃花不以香气取胜，而以色优。《诗经·周南·桃夭》篇中，就有“桃之夭夭，灼灼其华”的描写，给人以“艳若桃花，照眼欲明”之感。《诗经通论》的著者，清代学者姚际恒写道：“桃花色最艳，故以取喻女子，开千古辞赋咏美人之祖。”可见，桃花自古便与美人有着不解之缘。

春分，桃粉正是人间好颜色。桃粉，桃花花瓣的颜色，比粉色略鲜润，粉中透红，给人以清新、活泼的气息。桃粉色代表着浪漫、甜美、温柔与纯真。

春分

左 水彩 / 李光安
字体 / 严永亮 右

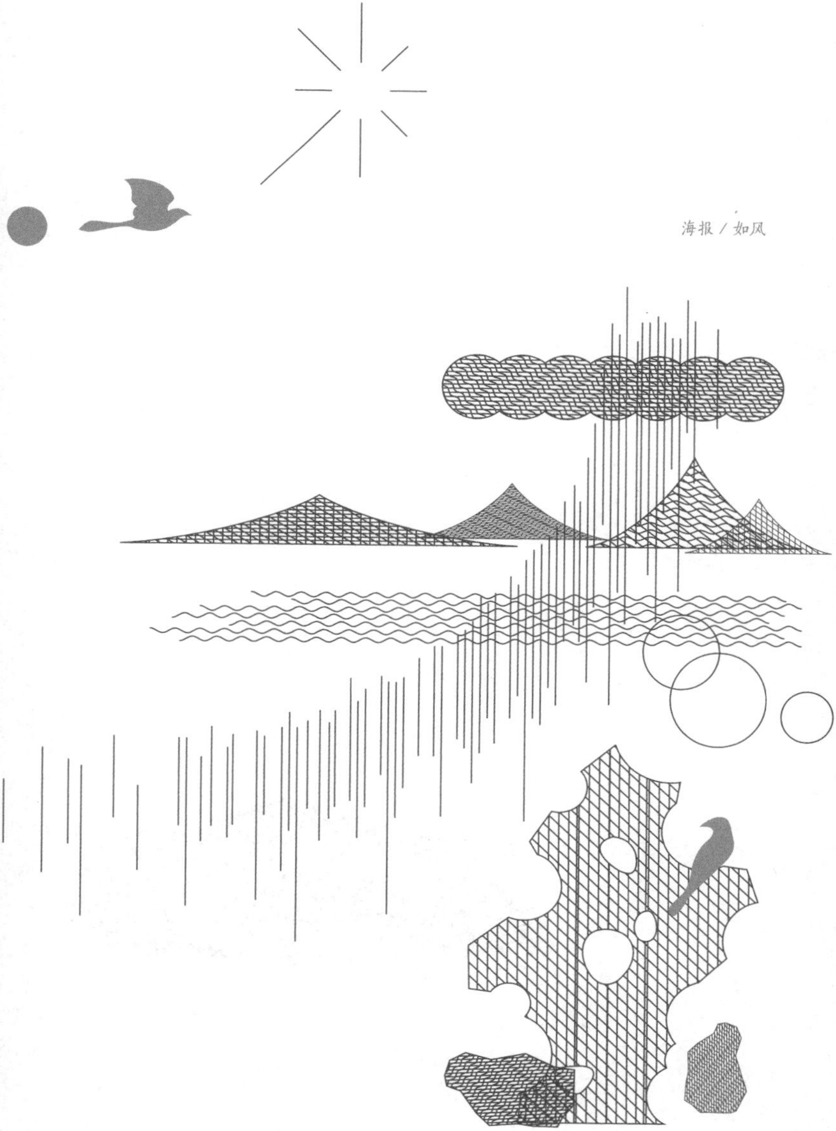

海报 / 如风

大地二十四颜

春分

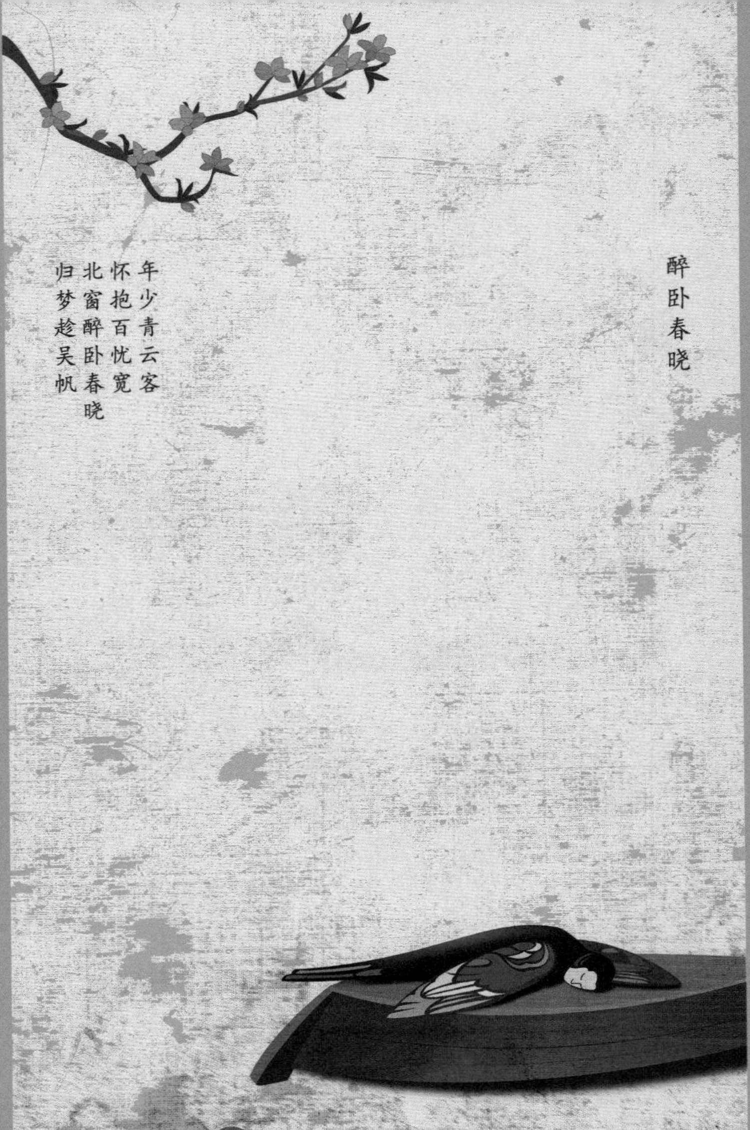
醉卧春晓
年少青云客
怀抱百忧宽
北窗醉卧春晓
归梦趁吴帆

海报 / 贺冰淞

古代先民对桃情有独钟，中国的桃文化渊源已久。早在4000年前，桃树就被我们的祖先驯化。在宗教礼仪、民间庆典、生产生活等方面经常能觅到桃的身影。

图中英文：藏书票

在中国几千年的历史长河中，产生了许多以桃为缘由的神话传说及典故。《山海经·夸父逐日》中记载：“夸父与日逐走，入日；渴，欲得饮，饮于河、渭；河、渭不足，北饮大泽。未至，道渴而死。弃其杖，化为邓林。”大意是：夸父与太阳竞跑，路途中因口渴而猝，被他遗弃的手杖，化成了桃林。“邓林”即指桃林，象征着希望与生命的永恒。这也是史料中最早赋予桃特殊地位的神话。

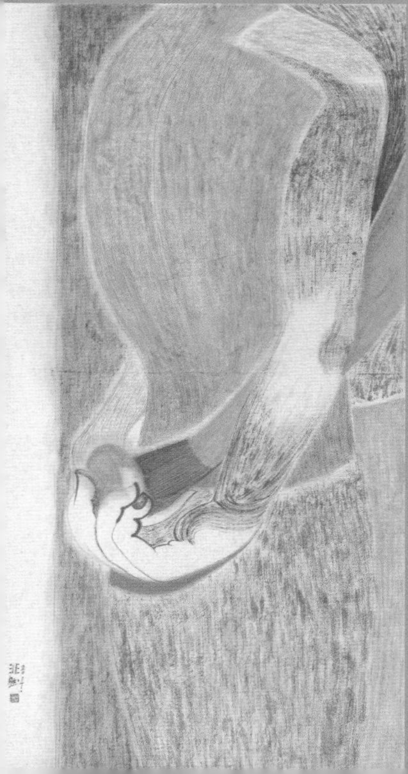

桃陪伴文人墨客一起走过春华秋实，经历悲欢离合，见证了高蹈风尘下的幽情逸韵，在他们拈花微笑的刹那，助他们参悟生命中的小圆满与大智慧。

东晋末年，在陶渊明的笔下，桃又变为世外乐土的标志。“忽逢桃花林，夹岸数百步，中无杂树，芳草鲜美，落英缤纷……”桃花源一直是人间仙境的象征，在那里人们日出而作，日落而息，与自然和谐相处。

上 剪纸／张冬萍
水墨／蒋非然 下

春分之物：纸鸢

纸鸢又叫风筝，
是中国古代劳动人民在两三千年前发明的。
最早的风筝
形状类似于鸟类或昆虫，
由木头或竹子制成。
直至东汉，
蔡伦改进了造纸术，
坊间才开始出现纸鸢。
自宋代起，
放风筝成为春天里人们喜爱的户外活动。

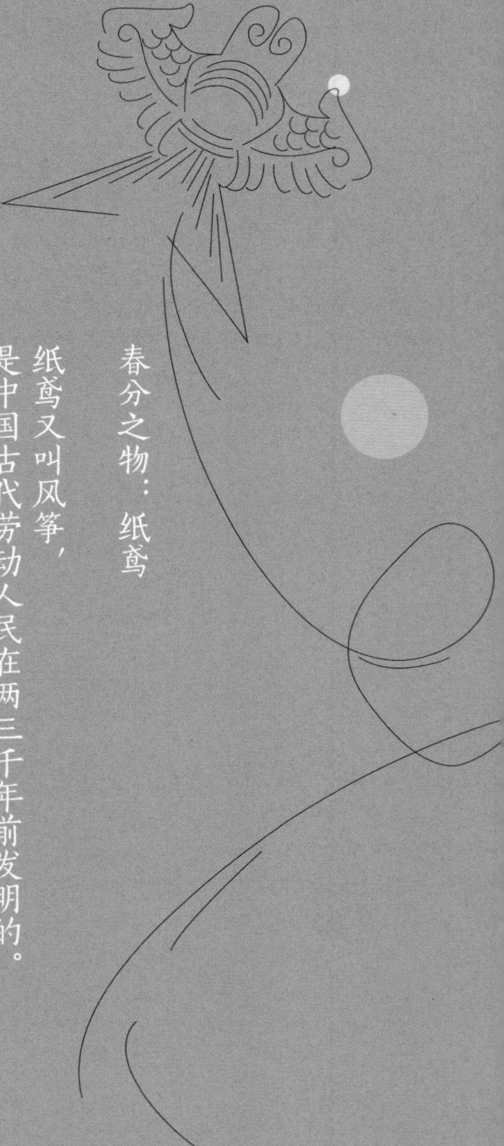

Tips

“东风着意，先上小桃枝”

出自南宋词人韩元吉的《六州歌头 · 桃花》。
意思是：和暖的春风带着情意刚刚来临，小桃就独得其惠先行开放了。

《诗经》

中国古代最早的一部诗歌总集，
收集了西周至春秋的诗歌逾三百首，
分为《风》《雅》《颂》三个部分。
关于《诗经》的作者，
绝大部分已经无法考证。
《诗经》在先秦时被称为《诗》，
或取其整数称为《诗三百》。
西汉时被尊为儒家之经典，
始称《诗经》，
并沿用至今。

那些描写桃花的唐诗

《大林寺桃花》
唐 · 白居易
人间四月芳菲尽，山寺桃花始盛开。
长恨春归无觅处，不知转入此中来。

《桃花》
唐 · 元稹
桃花浅深处，似匀深浅妆。
春风助肠断，吹落白衣裳。

《江畔独步寻花 · 其五》
唐 · 杜甫
黄师塔前江水东，春光懒困倚微风。
桃花一簇开无主，可爱深红爱浅红。

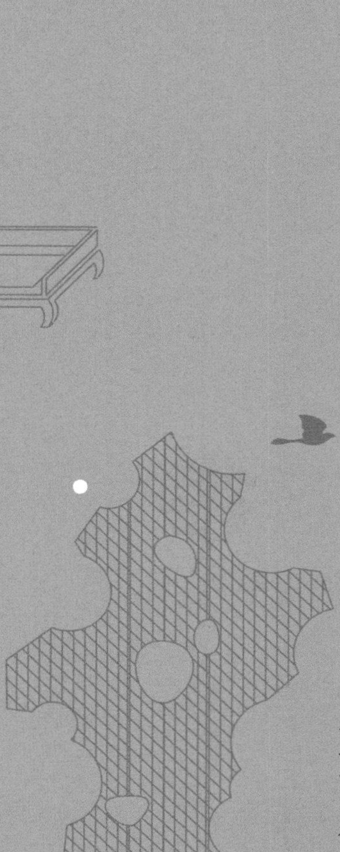

清明

茶绿为故人

万物生长此时
皆清洁而明净
故谓之清明
清明时节雨纷纷

清明

字体 / 严永亮

清明时节，“万物生长此时，皆清洁而明净。故谓之清明”。中国传统的清明节大约始于周代，距今已有2500多年的历史。清明兼具自然与人文两方面内涵，既是自然节气，又是传统节日，自古以来民俗众多：祭祀祖先、踏青游春、插柳辟邪、放纸鸢、荡秋千……

清明前后是一年之中最佳的采茶时段。此时，汲取天地之精粹的茶树，积聚了一冬的能量，抽枝发芽，吐纳新绿。其芽叶细嫩，色翠形美，且产量有限，因而有了“明前茶，贵如金”的比喻。

清明寻祖，以茶为祭。在中国民间习俗中，茶与祭祀关系密切，“无茶不在丧”是一个很传统的观念。古人认为，茶叶有清洁、吸附等作用，用茶作祭品，能驱妖除魔、消灾祛病、保佑子孙。

水彩 / 耿晓刚

考古学家在长沙马王堆汉墓中曾挖掘出茶叶，可见那时茶叶就已经作为陪葬品出现了。根据唐代陆羽所著的《茶经》记载，南齐世祖武皇帝遗诏：“我灵座上慎勿以牲为祭，但设饼果、茶饮、干饭、酒脯而已。”这是史书中较早提到用茶祭祀的文字。

上 水墨／王家鲲
水墨／蒋非然 下

随着中国茶文化的逐渐成熟，茶染应运而生。茶染是草木染的一种，它的制作原料为茶，即用茶汁给布料进行染色。茶汁是天然的植物染料，布料被茶汁浸泡之后，会呈现出特有的颜色，浑然天成，宛若自然之美，非常符合中国传统美学理念。茶染面料自带清香，还具有一定的抗菌效果。茶染传承至今，已不再是以茶叶为染料，对织物进行染色那么简单；茶染还衍生出了非遗技艺，如茶染画等。

言归正传，与大多数中国色一样，茶绿色也没有统一标准。我们可以观察到，新茶与陈茶的绿不甚相同，第一泡茶与第二泡茶的绿也有所区别，不同品种茶的色泽同样存在差异。其中，清明前后采制的绿茶，最是鲜灵翠绿。

摄影 / 白雪涛

清明之物：绿茶

绿茶起源于中国，
是历史最悠久、产量最多、饮用最广泛的茶类。
绿茶是一种未经发酵的茶，
保留了茶叶的天然色泽和营养成分。
冲泡后的绿茶，
茶叶嫩绿，茶汤清澈透亮，口感鲜爽。

Tips

中国知名的绿茶有哪些？

西湖龙井、碧螺春、
黄山毛峰、六安瓜片、
信阳毛尖、太平猴魁、
庐山云雾、安吉白茶、
恩施玉露、竹叶青等。

“万物生长此时，皆清洁而明净。故谓之清明。”

出自《岁时百问》。
遗憾的是此书并未流传下来。
此句为光绪年间成书的《燕京岁时记》所引。

陆羽《茶经》金句

茶者，南方之嘉木也。一尺二尺，乃至数十尺。
啜苦咽甘，茶也。
其水，用山水上，江水中，井水下。

谷雨
一池胭脂水

唯有牡丹真国色 花开时节动京城

谷雨三朝看牡丹

谷雨，春天的最后一个节气。它的到来，昭示着春将谢幕。此时，万物得雨而葱茏，正是人间四月天。

古谚有云：“谷雨三朝看牡丹”，谷雨前后正是牡丹盛开之时，所以牡丹花也被称为谷雨花，正可谓“雨生百谷春欲尽，花事阑珊赏牡丹”。

牡丹作为爱情的信物，第一次出现在文学作品中是在《诗经·郑风·溱洧》里：“溱与洧，方涣涣兮。士与女，方秉蕑兮。女曰：观乎？士曰：既且，且往观乎。洧之外，洵訏且乐。维士与女，伊其相谑，赠之以勺药。”大意是：郑国三月的上巳日，青年男女在溱水和洧水岸边春游，相互谈笑并赠送芍药表达爱慕之情。故事发生在河南新郑一带。在上巳节，郑国有一种习俗：少男少女相约同行春游，嬉戏打闹，互生情愫，采摘芍药互赠。上巳节俗称三月三，指农历三月初三，这个时间，正是新郑地区牡丹花开的时候，因此不少学者认为其中的芍药即为牡丹花。

左 字体 / 严永亮
海报 / 贺冰淞 右

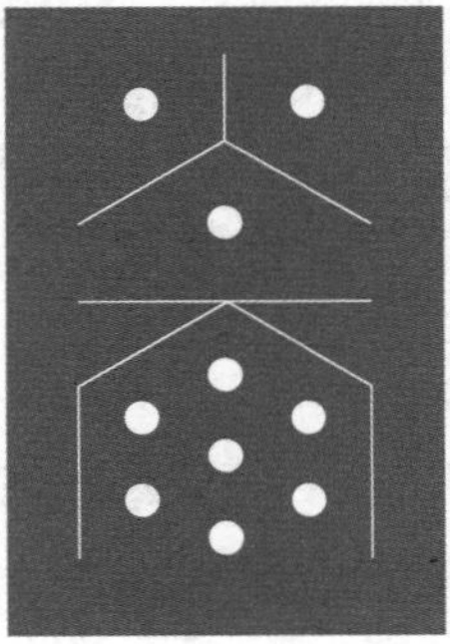

水彩 / 李光安

历代文人雅士留下无数赞美牡丹的画作与诗词，使得牡丹文化与祖先培育牡丹的历史一样悠远博厚。在东晋大画家顾恺之的《洛神赋图》中，牡丹第一次以独立的艺术形象走进了中国艺术史。南北朝时，北齐杨子华擅画牡丹，苏轼曾感叹："丹青欲写倾城色，世上今无杨子华。"之后，唐代边鸾，五代徐熙，明代陈淳、徐渭，清代吴昌硕、恽寿平等诸多名家都爱画牡丹，他们笔下的牡丹或雍容华丽，或清新淡雅，或笔墨浓重，或淡逸劲爽。在众多赞美牡丹的诗篇中，唐代诗人刘禹锡的那句"唯有牡丹真国色，花开时节动京城"被传颂千载且经久不衰。

宋人李唐有一首诗，名为《题画》："云里烟村雨里滩，看之容易作之难。早知不入时人眼，多买胭脂画牡丹。"虽然诗句有调侃之意，但却道出了牡丹与胭脂的不解之缘——画牡丹，离不开胭脂。

水墨 / 蒋非然

上 摄影／白雪涛
剪纸／张冬萍 下

图中英文：藏书票

胭脂，一种用于化妆或画国画的红色颜料，亦泛指鲜艳的红色。关于胭脂的起源有两种说法。一说其起源于商朝，燕地女子将红蓝花捣碎，使其浆汁凝结为脂。因是燕国所产，故得名燕脂。另一说为原产于中国西北匈奴地区的焉支山（又称胭脂山）。匈奴贵族妇女常以“阏氏”（胭脂）妆饰脸面，汉武帝派张骞出使西域，其带回的异域宝物中，就有胭脂。

古代女子为妆容颇费心思，胭脂是她们妆镜匣中的主角。桃花妆、酒晕妆、飞霞妆，都曾是古时流行的胭脂红妆——美人妆。面既施粉，复以胭脂晕掌中，施之两颊，浓者为酒晕妆，浅者为桃花妆；薄薄施朱，以粉罩之，为飞霞妆。

人们对于胭脂的感悟，或许来自诗词与书画，但对于胭脂的想象，则源于谷雨时节的人间春暮，岁暖情长。

文尾，再总结一下谷雨、牡丹、胭脂之间的缘分。牡丹花盛开于谷雨节气之时，因此又被称为“谷雨花”。画牡丹，离不开胭脂，国画中的牡丹颜色，便是用胭脂与墨调出来的。

谷雨之物：胭脂

胭脂，可以细分为面脂和口脂。面脂即腮红，口脂则为口红。古代女子在上胭脂前，先用白粉扑脸，然后把胭脂膏在手心调匀涂在脸上，或用指腹蘸取，涂抹于唇。

Tips

手作胭脂

制作胭脂，需要红豆、红糖、米酒、羊脂等材料。
第一步，将红豆研磨成细腻的粉末。
第二步，把红豆粉末放入碗中，加入适量红糖和米酒，搅拌均匀。
第三步，将羊脂放入锅中加热，待羊脂完全融化，将红豆糊倒入锅中，不断搅拌。煮沸后转小火继续加热，搅拌至胭脂变得浓稠。
第四步，把熬制好的胭脂倒入干净的小罐子，密封保鲜。

绘画长卷《洛神赋图》

东晋著名画家顾恺之的《洛神赋图》
堪称中国古典绘画中的瑰宝，
是其在读了曹植的《洛神赋》后有感而画的。
《洛神赋》虚构了曹植与洛神的邂逅和彼此间的思慕与爱恋。
顾恺之在《洛神赋图》中采用多幅画面表现一个完整故事情节的手法，
开创了中国传统绘画长卷的先河。

牡丹花语

牡丹素有“花中之王”的美誉，
牡丹花语：
富贵、吉祥、幸福、圆满。
不同颜色的牡丹，还承载着各自独特的寓意：
红牡丹——爱与勇气；
白牡丹——心灵的疗愈；
绿牡丹——生命与希望；
黑牡丹——无法磨灭的爱；
黄牡丹——傲视群芳。

大地二十四颜 ◆ 夏

立夏
竹沾青玉润

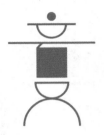

竹色君子德

宁可食无肉 不可居无竹。

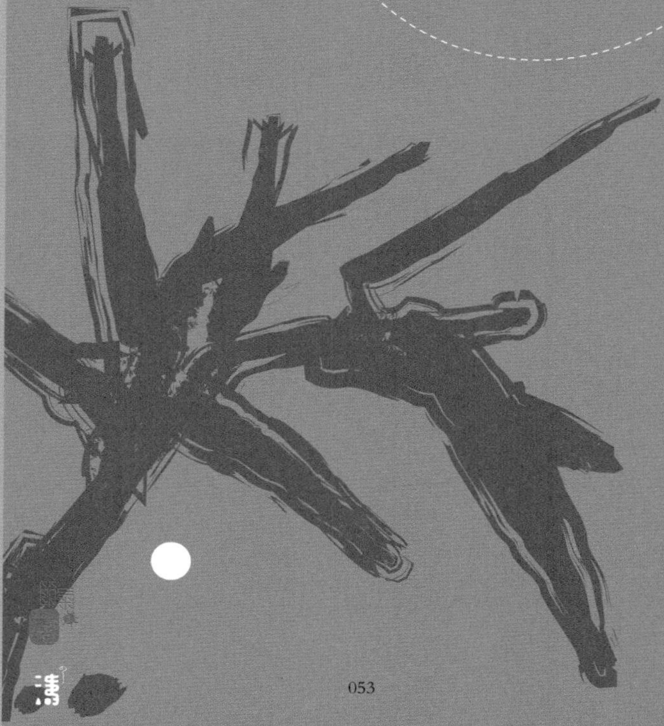

“斗指东南，维为立夏。”“瞻彼淇奥，绿竹青青。”竹影婆娑，“时有微凉不是风”。

竹青，竹子表皮的颜色，以绿为底又略泛蓝。它是传统中国色中一抹温润儒雅的色彩。“竹色君子德”——见竹色如见谦谦君子，北宋大家欧阳修仅用五个字，就形象地道出了竹青色的文化内涵。

图中英文：立夏

上 字体／如风

水墨／李啸海 下

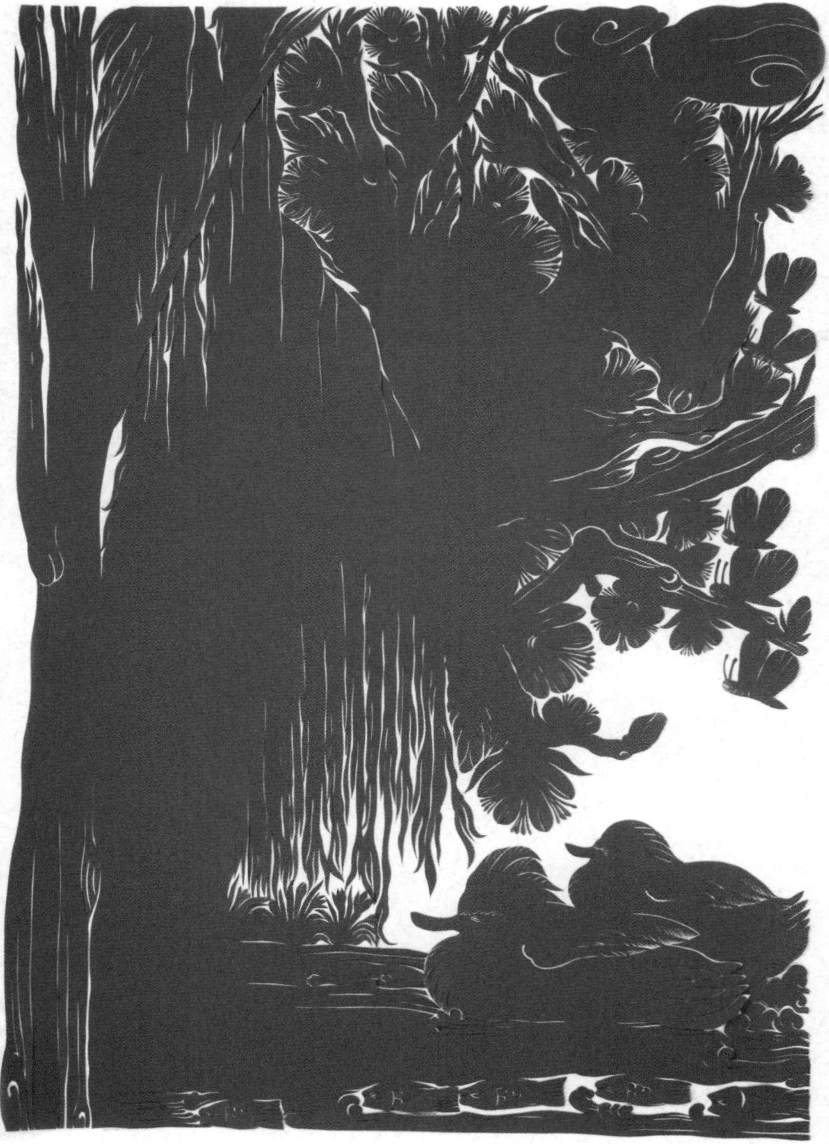

剪纸 / 赵希岗

摄影 / 白雪涛

竹子，东方美的象征。中国素以“竹子王国”饮誉世界。纵观历史，自上古创世神话开始，竹子就顺其自然地流入这个古老的东方国度的文化长河，且生生不息。女娲开世造物之时，用竹子制作出中国最古老的吹奏乐器——笙簧；后羿射日的弓箭，也是用竹子做的；《山海经》载：“丘南帝俊竹林在焉，大可为舟”，讲的是帝俊竹林的竹子高大，一节即可成船。

智慧的祖先视竹子为“不刚不柔，非草非木，小异空实，大同节目”的植物，依据竹子的独特天性，对它进行利用与加工，发明创造出各种生产生活用具，如盛具、晒具、助具、栏具等。古歌谣《弹歌》中记载：“断竹，续竹；飞土，逐宍。”这是对祖先射猎生活的描写，意思是砍伐野竹，制作竹弓，射出泥弹，追捕猎物。竹简的发明和使用，极大地便利了文字的记载与传播，进而促进了文化的传承，为中华文明史谱写了璀璨夺目的篇章。后来，先祖以竹造纸，取代了竹简，使中华文明再次飞跃。

古往今来，爱竹的文人墨客数不胜数，他们乐于借竹托物言志，用竹自喻自勉，以竹修身养性。唐代大诗人白居易在《养竹记》中总结竹的品性：本固、性直、心空、节贞，将竹比作贤人君子。宋代大家苏东坡的名句“宁可食无肉，不可居无竹”充溢着情韵又蕴含哲理，耐人寻味。

“竹”字在中华文化中衍生出了众多成语典故，如青梅竹马、胸有成竹、势如破竹、罄竹难书等。这些成语源自与竹有关的美丽传说、诗词歌赋或历史事件。竹子从原始的食物、器物，最终升华为富有内涵的文化符号，在漫漫历史长河中，完成了一次次华丽的转身与重生。千帆过尽，沧海桑田，唯有沉稳雅致的竹青色，亦如初见。

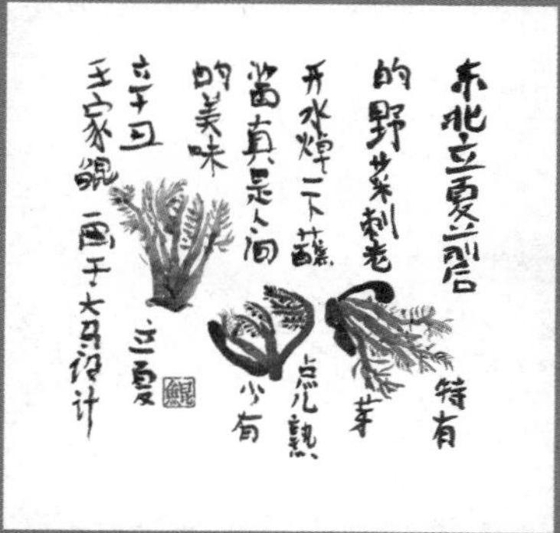

左 水墨／王家鲲
海报／贺冰淞 右

立夏之物：弓箭

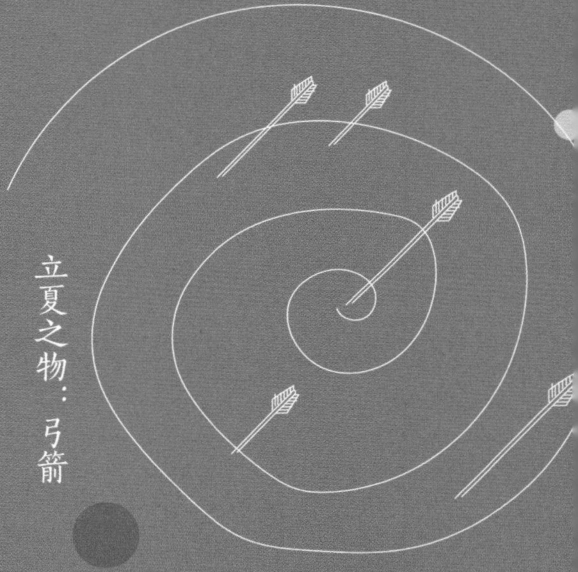

弓箭的历史，
可以追溯到远古时代的神话传说。
古人发现，野竹柔韧性强，最适宜制作成弓。
在中国古代，
弓箭被广泛地应用于军事、狩猎和民间传统文化活动。
如今射箭已经成为人们喜爱的体育项目，
传统弓箭在现代社会散发出独特的魅力。

Tips

“斗指东南，维为立夏”

出自《历书》。
意思是：当北斗七星的斗柄指向东南，就是立夏时节。

“瞻彼淇奥，绿竹青青”

出自《诗经·国风·卫风·淇奥》。
意思是：看那淇水的弯曲处，碧绿的竹林郁郁葱葱。

“时有微凉不是风”

出自南宋诗人、文学家杨万里的七言绝句《夏夜追凉》。
全句是“竹深树密虫鸣处，时有微凉不是风”。
意思是：远处的竹林中传来虫儿的鸣叫，不时有清凉的感觉迎面而来，但并不是风。

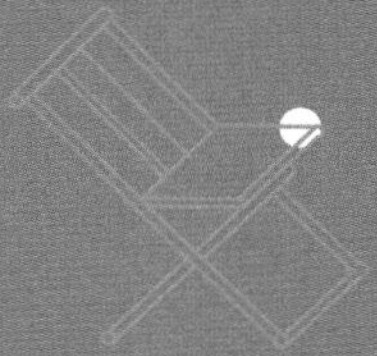

小满
毛月色描之

毛月色描之

小满小满 江河渐满

满

小满，夏已至，热未满。此时节稻秧尚青，麦穗渐盈，风暖昼长，万物繁盛。

进入小满节气，雨水开始增多。浅夏时节，雨后的天空澄澈如洗，天幕仿若被柔美的蓝调水粉打底，空气中弥漫着沁人心脾的草木气息。毛月色被古人喻为小满的颜色，这里的“毛月”并非指月亮，而是与天空有关。古人形容小满时节天空的蓝色为毛月色——它纯净、明快，充满希望。

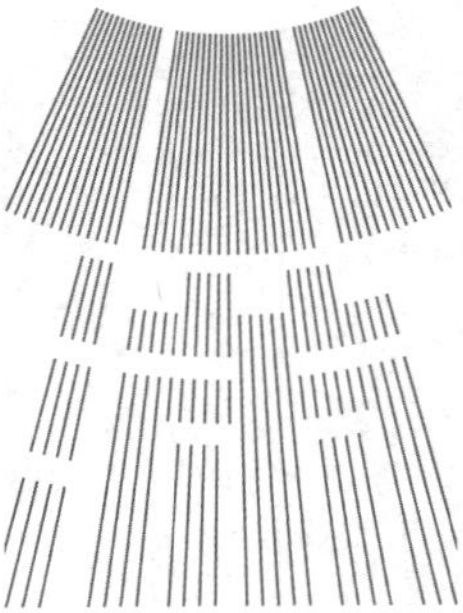

毛月色是初夏向仲夏过渡时期，雨水赋予天空的颜色。在二十四节气中，小满亦是一个反映降水变化的节气。农谚有云，“小满小满，江河渐满”，意思是小满时节，南方的江河水量会因降雨增多而逐渐充盈。所以小满的“满”，还有雨水充沛的意思。充足的雨水，可以提高农作物的产量和质量。

字体／严永亮 上

下 水彩／李光安

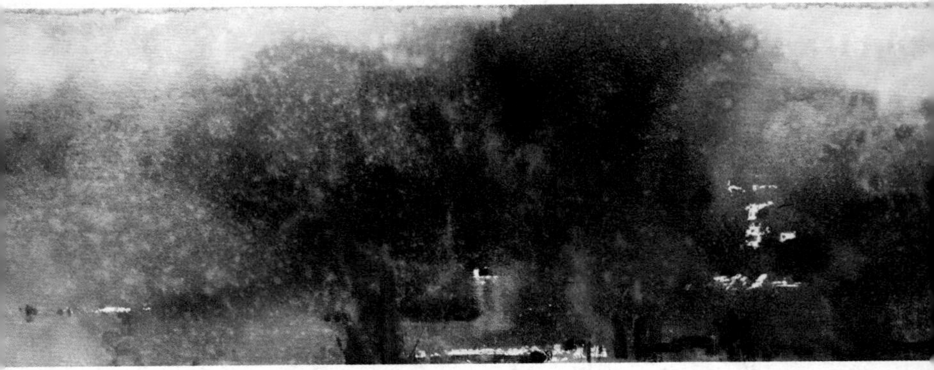

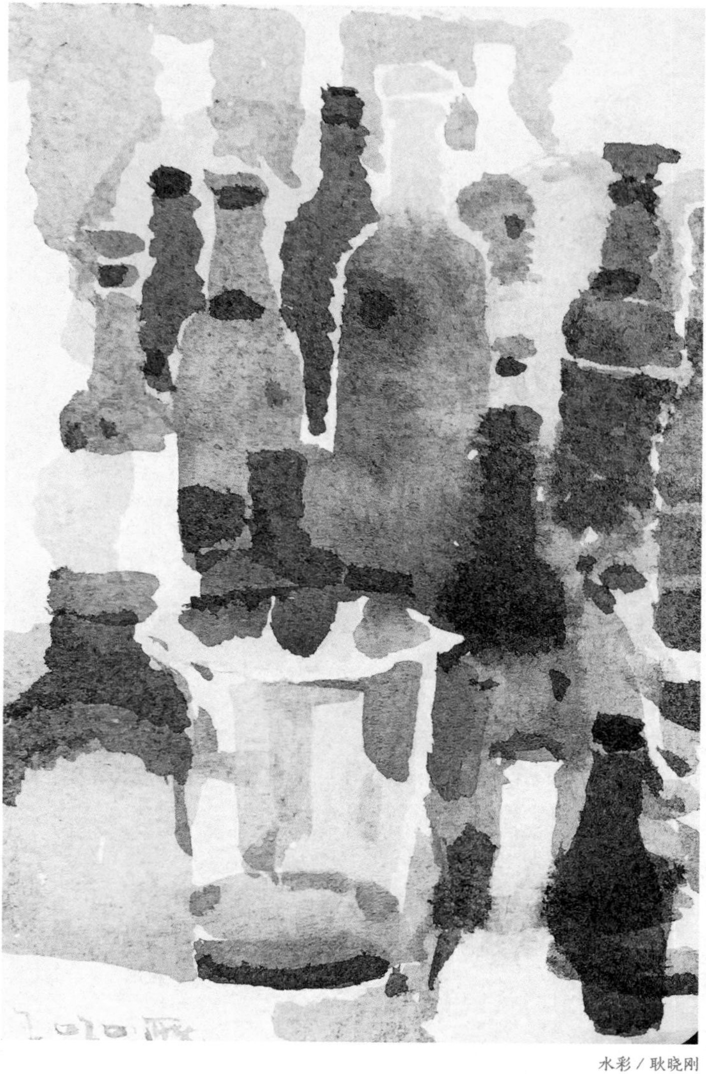

水彩 / 耿晓刚

水墨／蒋非然

小满与农业生产息息相关。这一时节，农作物开始进入成熟期。在中国北方地区，麦类等夏熟作物的籽粒已经趋于饱满；在南方，早稻正处于分蘖期，中晚稻的插秧也即将拉开序幕。农家时刻关注着天气的变化，为即将到来的芒种节气做着准备。

在毛月色的天空之下，青绿的稻田宛如一块块翡翠镶嵌在大地上；夏天的熏风拂过田野里即将成熟的麦穗，麦浪涌动，一派田园风光；远处的山林中，传来布谷鸟清脆的鸣叫声，似乎将丰收的讯息提早传送。

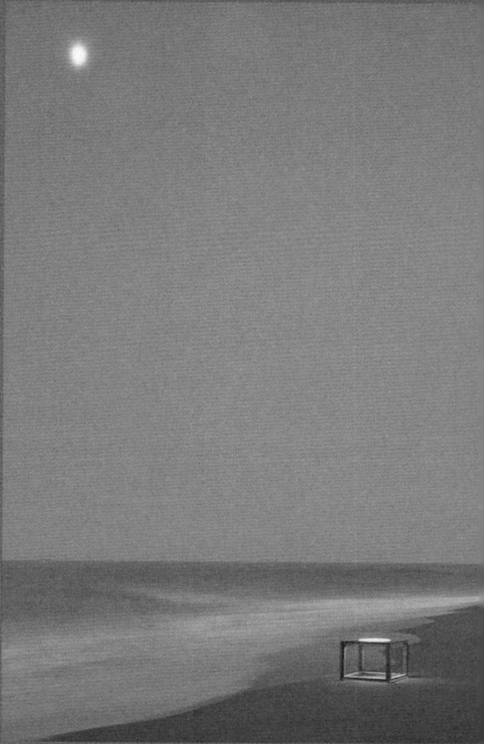

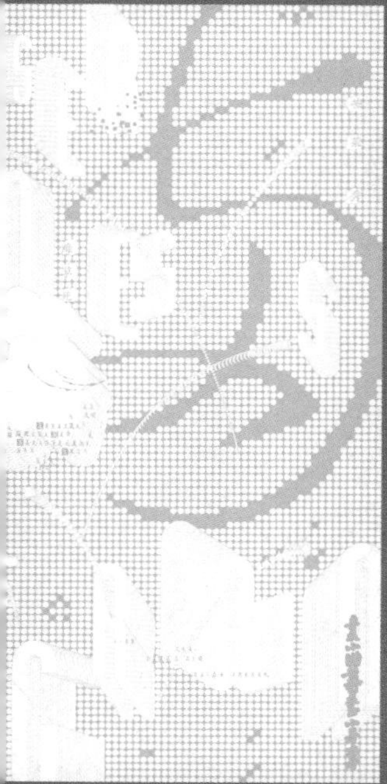

左 海报／肖靖

摄影／白雪涛 右

观察二十四节气的名称，通常“小”和“大”成对出现，比如小暑与大暑、小雪与大雪、小寒与大寒，唯有小满与众不同，小满过后是芒种。小满节气蕴含着先贤的智慧。古人追求的人生完美境界，并非极致的满盈，而是恰到好处的半满状态——花看半开，酒饮半酣。儒家崇尚谦德，时刻告诫自己：水满则溢，月盈则亏。人生最好是小满，小满未满，万物可期。

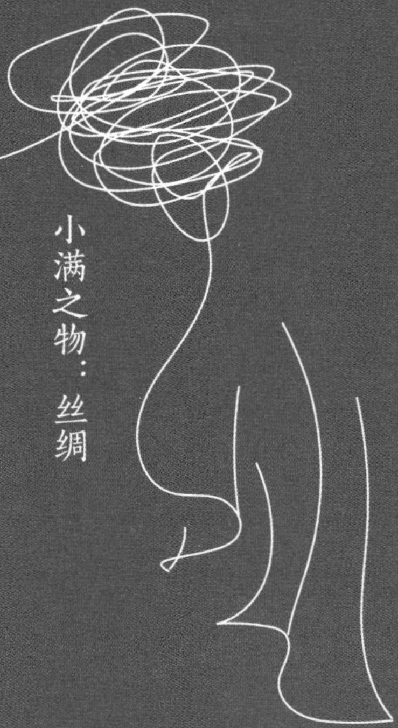

小满之物：丝绸

丝绸是用蚕丝精细织造的纺织品。
距今五六千年前的新石器中期，
中国人便开始养蚕、取丝、织绸。
丝绸是中国的特产。
农谚『小满动三车』中的一车即为缫丝车。
在传统农耕社会中，
丝绸生产与小满节气紧密相连。
正是中国古代劳动人民对丝绸制品的发明与大规模生产，
催生了世界历史上著名的『丝绸之路』，
开启了东西方之间广泛而深远的商贸交流。

Tips

古诗词里的小满

《咏廿四气诗·小满四月中》
唐·元稹
小满气全时，如何靡草衰。
田家私黍稷，方伯问蚕丝。
杏麦修镰钐，鏰櫌竖棘篱。
向来看苦菜，独秀也何为？

《归田园四时乐春夏二首·其二》
宋·欧阳修
南风原头吹百草，草木丛深茅舍小。
麦穗初齐稚子娇，桑叶正肥蚕食饱。
老翁但喜岁年熟，饷妇安知时节好。
野棠梨密啼晚莺，海石榴红啭山鸟。
田家此乐知者谁，我独知之归不早。
乞身当及强健时，顾我蹉跎已衰老。

《浣溪沙·麻叶层层檾叶光》
宋·苏轼
麻叶层层檾叶光，谁家煮茧一村香。
隔篱娇语络丝娘。
垂白杖藜抬醉眼，捋青捣麨软饥肠。
问言豆叶几时黄。

芒种
小麦覆陇黄

小麦覆陇黄

爰采麦矣 沬之北矣

水彩 / 李光安

芒种

字体／严永亮

麦浪的金波，绵延无际，六月的风中飘散着麦熟的香气。芒种，仲夏伊始，丰收在即。

芒种是一年之中农家最繁忙的节气。“芒”代表麦类等有芒作物已经成熟，亟待收获；“种”则意味着谷黍类作物的播种工作即将展开，芒种即“亦收亦种”。芒种的到来，如同扣动了农忙“发令枪”的扳机：北方的农人争分夺秒地抢麦晒粮，南方的农人则忙不迭地插秧种稻。

得四时之气、被誉为“五谷之贵”的小麦，一直与人类文明共同发展，为世界人民带来了丰富多样的美味。小麦起源于亚洲西部的新月沃地。早在新石器时代，人类便开始对小麦的野生祖先进行驯化。有趣的是，人类在驯化小麦的同时，也在不知不觉中被小麦改变了原始的生活方式。因为相较于狩猎与采集，耕种提供了更为稳定的食物来源。随着日出而作、日落而息的规律生活的形成，人类的生活质量与健康水平不断攀升。当我们的祖先用两块石头将金黄色的麦粒碾碎，磨出带有胚芽和麦壳的粗糙面粉时，博大精深的面食文化便悄然萌芽。

海报 / 贺冰淞

上 水墨 / 李啸海

剪纸 / 张冬萍 下

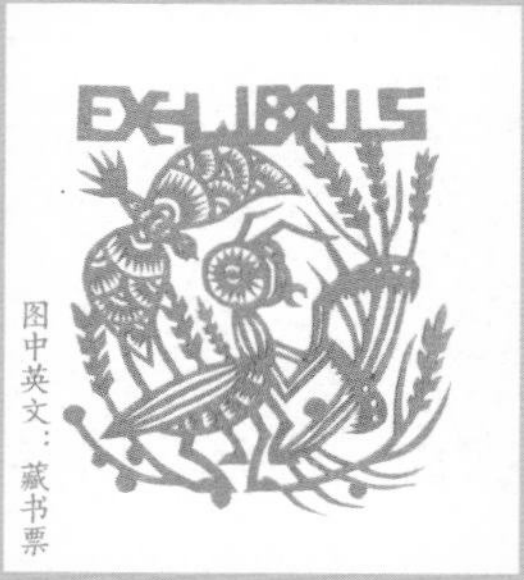

图中英文：藏书票

农人忙碌了大半年，期盼的就是一场丰硕的收获。在中国传统文化中，小麦的成熟不仅象征着丰收与富足，更寄寓着人们对未来的希望。尽管在生长过程中，小麦会遭遇恶劣天气、病虫害等诸多威胁，但它仍能顽强生长，最终结出硕果。因此，小麦也被比喻为拥有坚韧不拔之志者；而麦穗由一颗颗麦粒紧密联结而成，这种形态又使小麦成为人与人之间相互信任与团结协作精神的象征。正因如此，代表中国的许多重要标识上，都绘有吉祥的麦穗图案。

陇黄，小麦成熟时金灿灿的颜色，是大地母亲经历了漫长的孕育，迸发出的燃烧的光芒。它是农人眼中的幸福、喜悦与憧憬之色，焦虑被它治愈，辛劳被它抚慰。而现代人对陇黄有了更为丰富的解读：这种属于大地色系的麦金色，温暖而明亮，柔美又高雅；它如同土地一般包容且怡人；年轻人认为，拥有小麦色肌肤是健康、有魅力的标志。

久居城市的我们，早已远离芒种时节的繁忙农事，但春种、夏长、秋收、冬藏的循环仍在继续。想象一下，走在仲夏日的田埂上，风吹麦浪似潮奔涌，丰年稔岁美不胜收。

芒种之物：草帽

草帽是农耕文明的产物，用以遮雨或抵挡夏季炽热的阳光。每逢芒种麦收之际，麦秸便成了编织草帽的优质原材料。经过匠人的巧手，这些草帽成了中国古老的手工艺品。时至今日，草帽不仅仅是一件实用的物件，更被赋予了深厚的文化内涵，成为一个国家或地区传统文化和手工艺技术水平的生动写照。

Tips

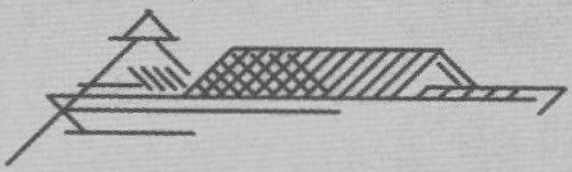

芒种智慧农谚

芒种忙，麦上场。
麦收要紧，秋收要稳。
九成熟，十成收；十成熟，一成丢。
大旱小旱，不过五月十三。
芒种不怕火烧天。
芒种天天雨，家家啃树皮。

与芒种有关的古诗词

《时雨》
宋代 · 陆游
时雨及芒种，
四野皆插秧。
家家麦饭美，
处处菱歌长。

《观刈麦》
唐代 · 白居易
田家少闲月，
五月人倍忙。
夜来南风起，
小麦覆陇黄。

夏至
日长绿意沉

江河翠色微澜
山川一碧千里
日长绿意沉

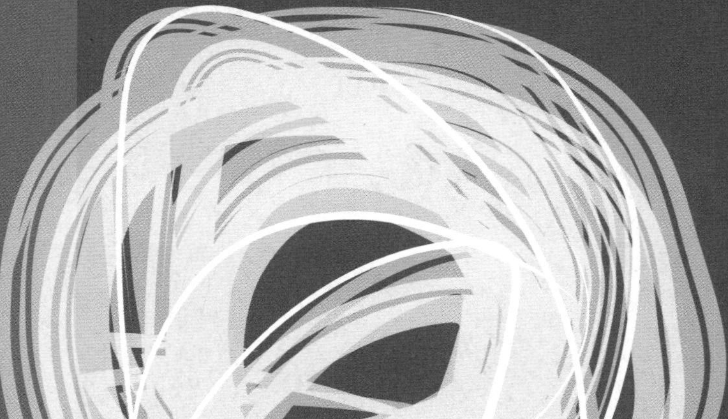

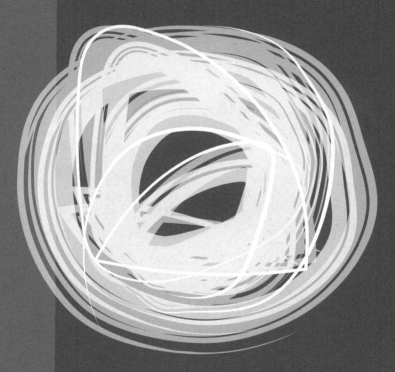

海报 / 如风

公元前700年左右，我们的祖先通过观察日影的变化，确定了夏至日：“日北至，日长之至，日影短至，故曰夏至。至者，极也。”

太阳北行，到达极致，似火的骄阳毫不吝惜地挥洒着热力，炙烤着北半球的山川大地，江河碧意微澜，草木苍翠葱茏。绿沈成为夏至的底色，伴着炽热的气息，嵌入众生灵魂。

绿沈亦作“绿沉”，即浓绿色。在现代语境中，绿色多象征美好的事物，如生机、健康、环保、和平。现代人甚至把绿色喻为一种良好的生活方式，并把“绿色文化”写入现代文明。

上 字体/严永亮

水彩/耿晓刚 下

其实，中华传统五色中并不包括绿色。古人认为，绿色是一种间色，由蓝色与黄色调和而成，而间色的意思是“杂色”。色彩的背后传递着壁垒森严的等级制度和古人的审美倾向。

“品色衣”是中国封建时代官吏所穿的公服，其起源可以追溯到北周。经过多次演变，隋唐时期确立了官吏服色等级的制度化风俗，形成了明确的官服色彩等级序列。在唐代，六品、七品官员服饰的颜色为绿色，象征着他们在官僚体系中的低微地位。唐代大诗人白居易的《忆微之》一诗中，有一句“折腰俱老绿衫中”，意思是如今我们都已经老去，佝偻着身躯，身着绿衫。此处的“绿衫”用来借指官位低微、仕途坎坷。

南唐后主李煜奉表投降后，脱掉黄袍改穿紫袍，其手下随降官员只能穿着统一的绿色官服以示区别。到了明代，绿色降为八品、九品官员的官服颜色。清朝的八旗包括镶黄旗、正黄旗、正白旗、正红旗、镶白旗、镶红旗、正蓝旗、镶蓝旗，在八个旗色中同样找不到绿色的踪影。

海报 / 贺冰淞

直至今日，绿色的地位终于迎来了反转。在现代人的心中，绿色是大自然宁静、舒缓的色彩。夏至已至，让我们躲进巨大的树冠，一起享受绿沈色营造的清凉与安适。

上 水彩 / 李光安

拼贴 / 杜少峰 下

夏至之物：团扇

在电风扇出现之前，
扇子是夏季纳凉的重要工具。
中国扇文化有着深厚的底蕴，
从汉代至北宋，是团扇的盛行时期。
团扇常被古时女子视为心爱的饰物，
其形如满月，故而得名。
如今，团扇更多作为艺术品被人们陈设欣赏、把玩品鉴。

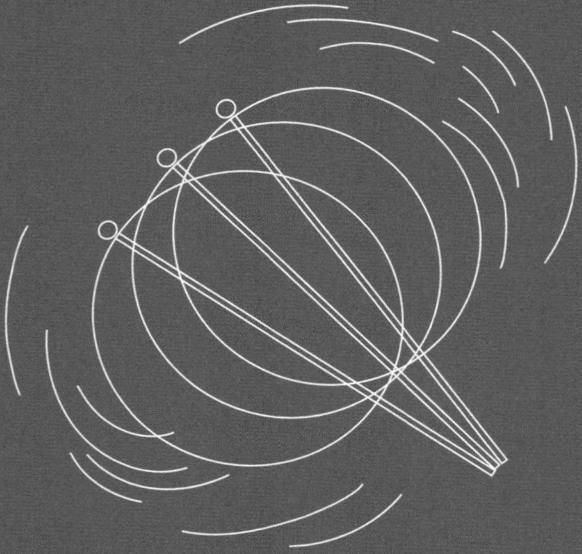

Tips

古人的夏节

夏至，古时又称“夏节”，曾是中国重要的节日。
古人认为，夏至日阳气最盛，阴气始生，适宜静养生息。
宋朝有“夏至之日始，百官放假三天”的规定。

经典夏至诗

《竹枝词二首 · 其一》
唐 · 刘禹锡
杨柳青青江水平，闻郎江上唱歌声。
东边日出西边雨，道是无晴还有晴。

夏至智慧农谚

夏至有雨十八落，夏至无雨干断河。
秀发卷，夏至正。
夏至馄饨冬至团，四季安康人团圆。

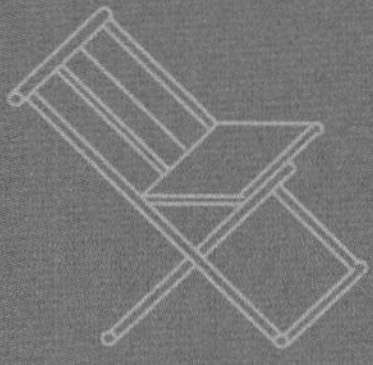

小暑
却忆青莲语

却忆青莲语
出淤泥而不染，濯清涟而不妖

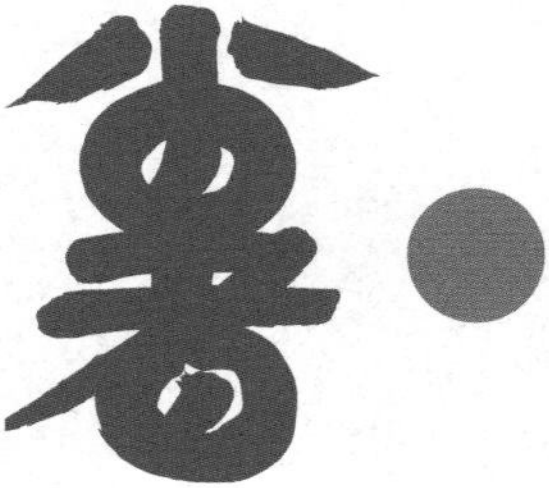

小暑至，炎夏始。悠悠长夏，适宜寻一隅清凉消暑散闷。莲叶田田，菡萏娉婷，荷风送香，为炎炎夏日带来缕缕清凉。

莲，一种古老的水生植物。在柴达木盆地，古生物学家发现了1000万年前的荷叶化石。在河姆渡文化遗址中，人们也发现了古莲花的花粉化石，以及模仿荷叶形状的陶制器皿，如第一期文化陶平底盘和第二期文化陶器盖。通过这些文物，考古学家推断出我们的祖先不仅懂得采食莲子和莲藕，而且懂得欣赏莲之美。此外，在仰韶文化、良渚文化、贾湖文化、大汶口文化等遗址中均发掘出莲的化石。在中国，莲被广泛栽培并用于观赏、食用的历史，可以追溯到公元前7世纪。

上 字体／严永亮
水彩／李光安 下

插画 / 唐波

中国人的“爱莲说”由来已久。先秦典籍《逸周书》载：“薮泽已竭，即莲掘藕”，意思是人们前往干涸的沼泽、湖泊，采摘野生莲花，挖掘莲藕。《诗经》中的“山有扶苏，隰有荷华”“彼泽之陂，有蒲与荷”等诗句，都是对莲的浪漫描写。春秋时期，相传西施喜欢赏莲，吴王夫差在苏州灵岩山为西施修建的离宫内特地开凿了“玩花池”，池内种植四色莲花，绽放时清香怡人。而到了战国时期，伟大诗人屈原更是寄情于莲，写下了传世诗句：“制芰荷以为衣兮，集芙蓉以为裳”“筑室兮水中，葺之兮荷盖”。在这些诗句中，莲被赋予了高洁、清廉、纯真、圣洁等丰富的文化内涵。

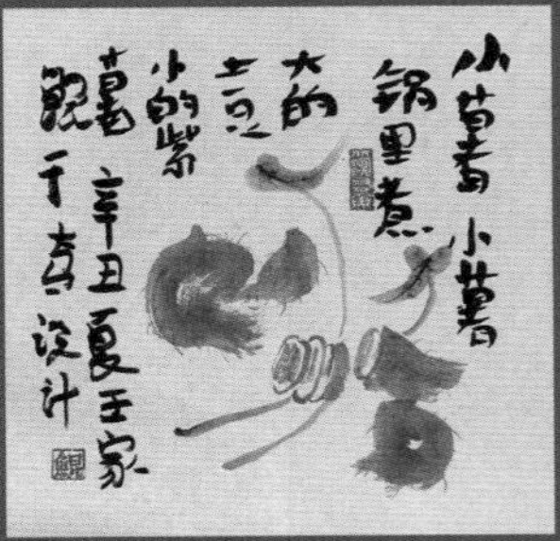

北宋理学家周敦颐的散文《爱莲说》，不仅使莲花成为广受认可的完美士大夫人格象征，更成为赞颂莲的精神品格的千古名篇。其中名句“出淤泥而不染，濯清涟而不妖，中通外直，不蔓不枝，香远益清，亭亭净植，可远观而不可亵玩焉”，更是流传百世，为后人传颂不已。

上 水墨／王家鲲

剪纸／赵希岗 下

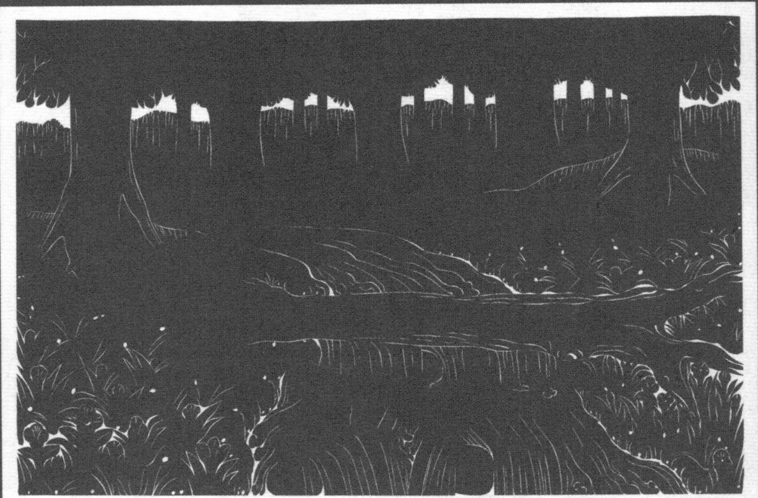

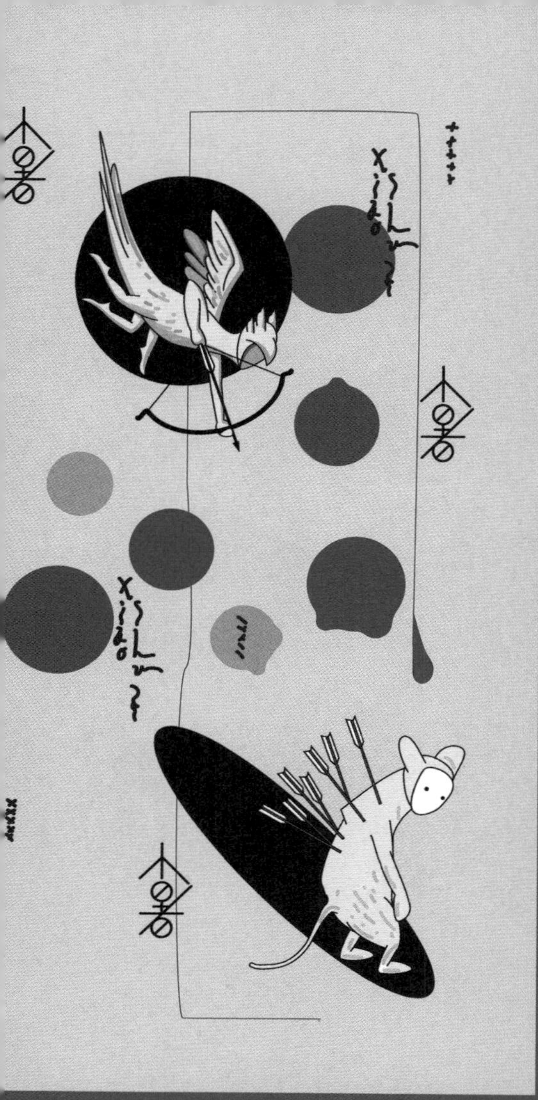

海报 / 贺冰淞

在各色莲花中，青莲备受世人青睐。其瓣长而广，青白分明，清净香洁，不染纤尘。青莲色，中国传统色彩的一种，近似于蓝色、深蓝色和蓝紫色，是一种蓝中略微泛红的颜色。《现代汉语词典》将其解释为“浅紫色”。

色彩专家进一步解释：在中国传统色中，有些色彩是无法用其他颜色混合出来的，青莲色就是其中一种。在传统染色技艺里，青莲色不是通过蓝色与红色的简单混合来实现的，而是需要运用精湛的套染技艺，方能呈现出理想的色彩效果。

“青莲”与“清廉”谐音，“莲”乃花中君子，“廉”为人中正品。在中国园林博物馆中，珍藏着一件清代汉白玉浮雕圆盆，上面精心雕刻着一鹭青莲纹。“青莲”取“清廉”之意，“一鹭青莲”隐喻“一路清廉”，警示做人做官都应清正廉洁。

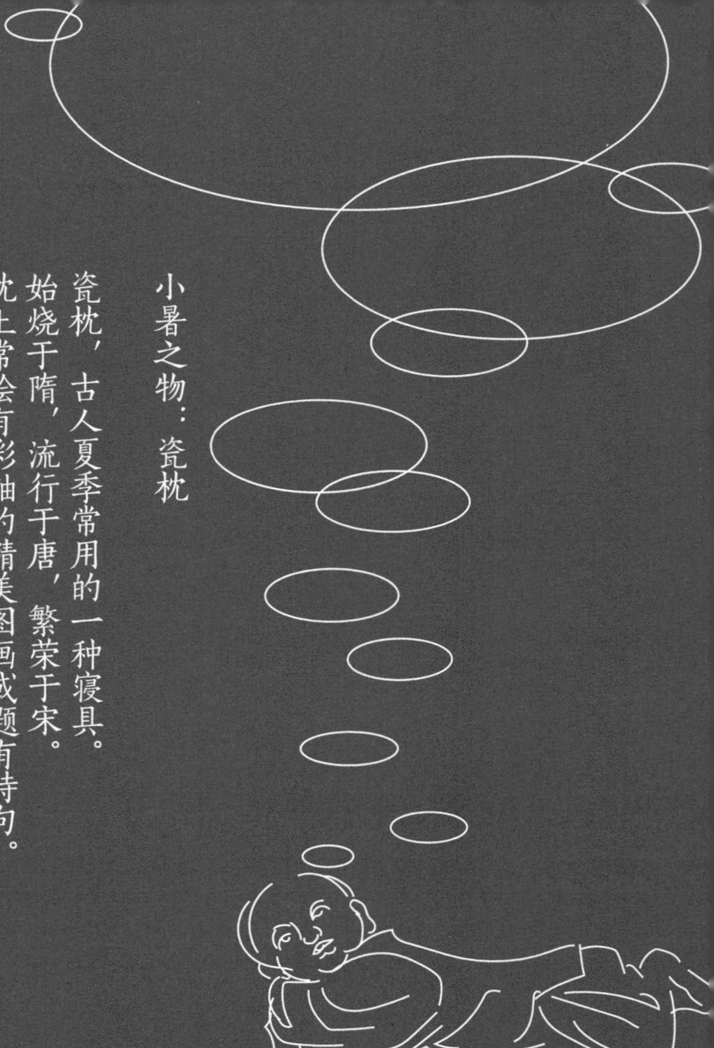

小暑之物：瓷枕

瓷枕，古人夏季常用的一种寝具。
始烧于隋，流行于唐，繁荣于宋。
枕上常绘有彩釉的精美图画或题有诗句。
瓷枕设计多样，有六角形、长方形、腰圆形、云头形、花瓣形等多种式样。
其中，北宋定窑烧制的孩儿枕最负盛名。

Tips

小暑天气谚语

小暑热得透，大暑凉飕飕。
小暑温暾大暑热。
小暑过热，九月早冷。
上昼雷，下昼雨；下昼雷，三日雨。
小暑南风，大暑旱。

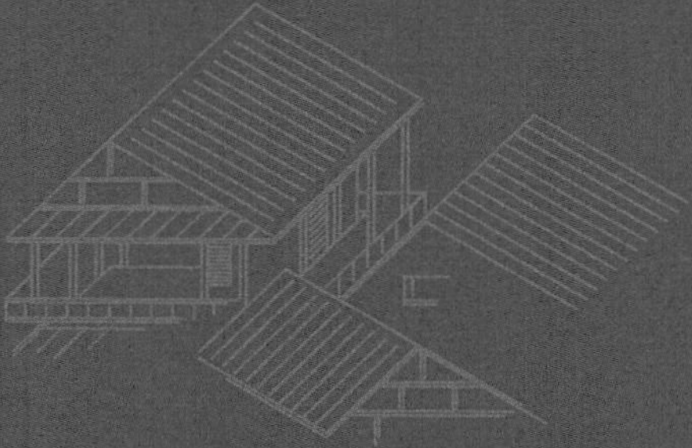

莲·金句

采莲南塘秋，莲花过人头。
——南北朝·佚名《西洲曲》
菱叶萦波荷飐风，荷花深处小船通。
——唐·白居易《采莲曲》
清水出芙蓉，天然去雕饰。
——唐·李白《经乱离后天恩流夜郎忆旧游书怀赠江夏韦太守良宰》
接天莲叶无穷碧，映日荷花别样红。
——宋·杨万里《晓出净慈寺送林子方》

小暑养生二三事

切勿贪凉
饮食清淡
养心防暑

大暑

炎炎日正午

炎炎日正午
心静自然凉

民间有“小暑大暑，上蒸下煮”的谚语。大暑节气的到来，意味着“蒸煮”模式进入白热化阶段。

正午的阳光灼热刺眼，树影缩成一团，慵懒地偎在树冠下。城市如同一口巨大的蒸锅，寂静无人的柏油路在骄阳连日的炙烤下愈发“瘫软”，远处似有一片半透明的水汽升腾开来，燥热而虚幻。唯有夏蝉不畏暑热，扯着嗓子唱得正欢。

骄阳似火，大暑就是火上加火，是为“炎”。火为红色，所以大暑的颜色是红色。就温度而言，大暑无疑是一年当中最热的日子，气象部门会发布高温红色预警。所以，大暑的颜色非“炎”莫属，且“炎”值爆表。

上 字体／严永亮
水墨／李啸海 下

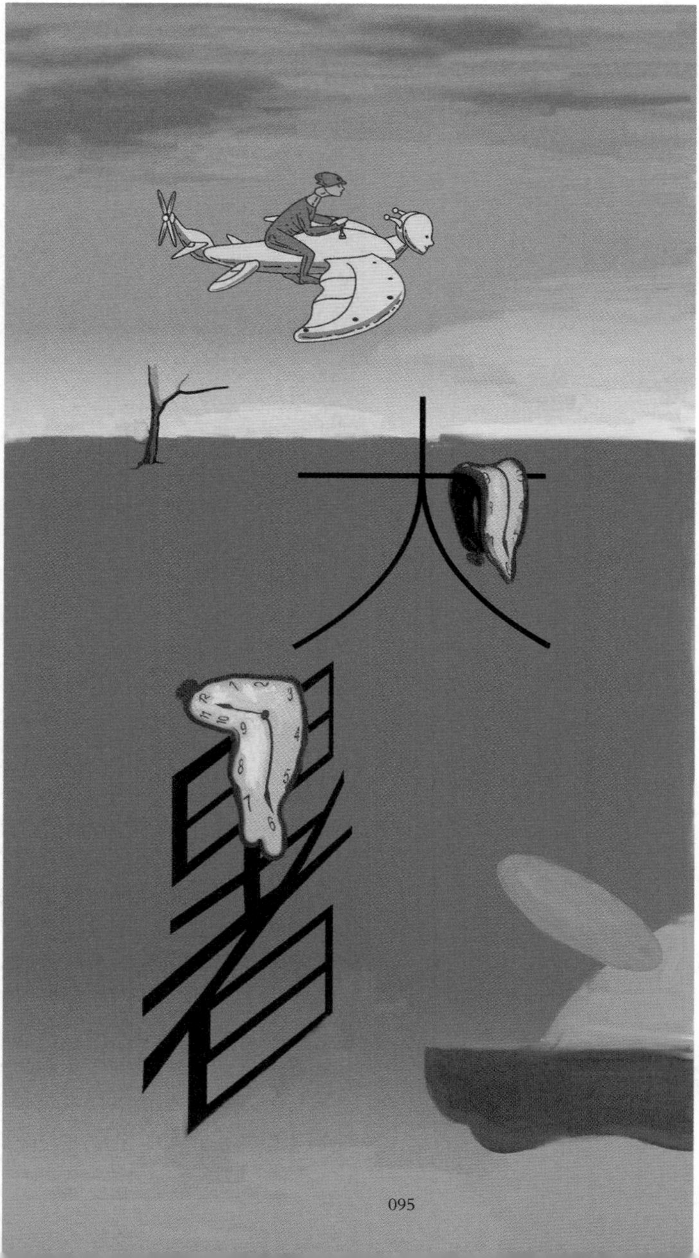

海报\贺冰淞

烈日炎炎，现代人靠冰箱和空调“续命”。殊不知这两件避暑法宝，在古代已有雏形。

早在战国时期，古人便发明了青铜冰鉴。青铜冰鉴堪称“世界上最早的冰箱”，由铜鉴和铜缶两部分组合而成。铜鉴的外形像一只方口深腹的大盆，底部平稳，四足支撑，铜缶嵌套于鉴内。冰鉴的工作原理在于，依靠放置在鉴内铜缶四周的冰块，使缶中的酒或食物降温。

炎炎夏季，冰鉴中的冰块从何而来？原来，每年大寒时节，古人就开始凿冰，然后将天然冰块搬运到预先挖好的窖中。为了确保冰块能够长期保存，他们还会对窖进行隔温处理，并密封窖口，待来年夏季，便可取出冰块享用。伏天来临，大户人家也会买来冰块置于居室，冰块在融化过程中会散发凉气，室内的温度也随之下降。

古代帝王夏季避暑纳凉的方式尤其讲究。唐代，宫廷中建有供皇家消暑的凉殿。殿中安装了机械制冷设备，通过冷水循环的原理，结合扇轮的旋转产生风力，将冷气源源不断地送入殿中，这便是空调的雏形。除此之外，还有一种降温方法是利用机械将冷水送向屋顶，让水流沿檐直下，形成水帘。

摄影／白雪涛

图中英文：藏书票

上 水彩／耿晓刚

剪纸／张冬萍 下

古人深明“心静自然凉”之理。早在先秦时期，《黄帝内经》中就提出了“无厌于日，使志毋怒”的养生之道，即保持愉快的心情有利于消除暑热。烦夏莫如赏夏，或许达到这一境界，即使看着炎炎红色，也不会觉得那么燥热难耐了。

大暑之物：香薰

香薰的习俗在中国由来已久，
其器具主要有熏炉、熏球、香囊、香枕等。
汉代是香熏文化的第一个繁荣时期，
香薰开始在上层社会风行，
无论是居家、出游，还是宴饮，均少不了香熏。
中国香炉的鼻祖——博山炉便出于汉。

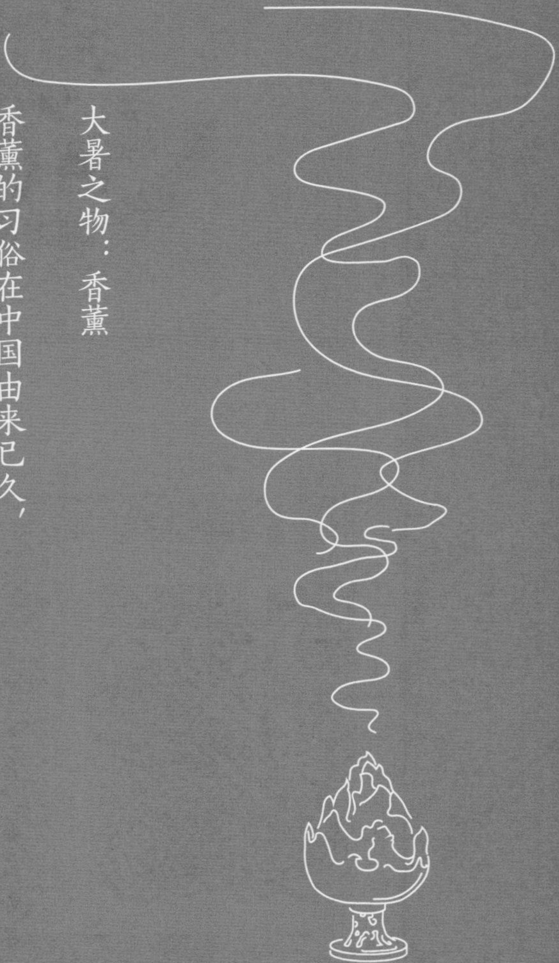

Tips

大暑的古称

大暑，夏季的最后一个节气，
大暑正值“三伏天”的中伏前后，
是一年中最热的一天，
“湿热交蒸”在此时达到了顶点。

大暑诗句中寻凉

何以销烦暑，端居一院中。
眼前无长物，窗下有清风。
热散由心静，凉生为室空。
此时身自得，难更与人同。
——唐 · 白居易《销夏》

仲夏苦夜短，开轩纳微凉。
——唐 · 杜甫《夏夜叹》

桂轮开子夜，萤火照空时。
——唐 · 元稹《咏廿四气诗 · 大暑六月中》

《黄帝内经》

中国现存最早的医学典籍，
分为《灵枢》《素问》两部分。
《黄帝内经》《难经》《伤寒杂病论》《神农本草经》
被誉为中国传统医学四大经典著作。

大地二十四颜◆秋

立秋
天晴蓝更悠

一叶知秋

云天收夏色　木叶动秋声

久居城市的我们，总是感觉夏季格外漫长。闷热的暑气迟迟不肯散去，即使进入立秋时节，太阳依旧挥洒着使不完的热力，秋蝉聒噪如昨。但若静安己心，便能感知有风从远方吹来，空气中多了些许干燥与舒爽，头顶一望无际的晴蓝色，令人怦然心动。

晴蓝，属于浅蓝色系，介于青色与靛色之间。晴蓝是秋日天空的经典色：澄澈高远，明净恬淡。晴蓝色的天幕如同一张事先铺展开来的画布，等待自然之笔，画尽秋的橙黄橘绿。

其实，古人早就准备好了描写立秋的唯美诗句：“云天收夏色，木叶动秋声。”云际天空开始收敛夏日的色调，树叶间秋声已动，水澄露鱼，荷残莲生。在古人眼中，梧桐是秋的先知，于是有了“一叶知秋”的典故。当第一片梧桐叶从枝头飘落，四季迈动了更迭的脚步，秋，姗姗而来。

字体／严永亮

油画棒 / 耿晓刚

在古代，立秋是重要的节日。周朝时，每逢立秋日，周天子都要亲率三公六卿到西郊迎秋，并举行祭祀少皞、蓐收的仪式。后来逐渐演变为立秋日帝王率领文武百官到城郊设坛迎秋。古人总结，如果立秋这天天气晴朗，农事则不会有旱涝之忧，晒秋顺遂，盈车嘉穗指日可待。反之，“雷打秋，冬半收”。所以，立秋当日天空的晴蓝色是美好的征兆。

水彩 / 李光安

古人对天空的最初认知，要从“盘古开天”“女娲补天”说起。创世神表现出的不屈不挠、开拓创新、勇往直前的品格，以及崇高的自我牺牲精神，从古至今激励着一代又一代中国人。无边宇宙是人类想象力的极限，晴蓝色的天幕，书写着天真质朴的梦想。

相传，明朝的万户是中国历史上第一位拥抱天空的人。他受到划破夜空的火流星的启发，产生了借助火药的力量飞上天际的执念。在一个晴朗的夜晚，万户爬上一座山峰，将自己固定在绑了火药筒的椅子上，手擎一只巨型飞鸟风筝，幻想着自由翱翔于深邃而神秘的云霄。当火药被点燃，万户飞向了他梦寐已久的天空。但这次探索，却让他付出了生命的代价。

当古人谈论天空时，他们在谈论什么？天文学是中国古代非常发达的四门自然科学之一。古人通过对天象的记载和研究，制定了历法，指导农业生产。二十四节气即具有重要的天文学意义。立秋，就是天文学意义上秋季的开始。

上 摄影 / 陈阳
海报 / 贺冰淞 下

立秋之物：古琴

中国传统拨弦乐器，
又称瑶琴、玉琴、丝桐和七弦琴。
据《史记》记载，
琴的出现不晚于尧舜时期，
其创制与中华文明开创之初的帝王有关。
在中国琴棋书画四艺中，
『琴』指的便是古琴。
琴动秋声，古琴与秋有着千丝万缕的联系。
中国现存世琴曲有三千余首，
古琴已被选为世界非物质文化遗产。

Tips

少嗥与蓐收

中国古代神话中的两个人物。
少嗥，相传为黄帝的长子，
华夏部落联盟的首领。
蓐收，相传为少皞氏之子，
主金之神、司秋之神。

《立秋》诗词赏析

唐 · 刘言史
兹晨戒流火，商飙早已惊。
云天收夏色，木叶动秋声。

这首五言绝句
用“流、惊、收、动”四个字
展现了夏去秋来之韵。

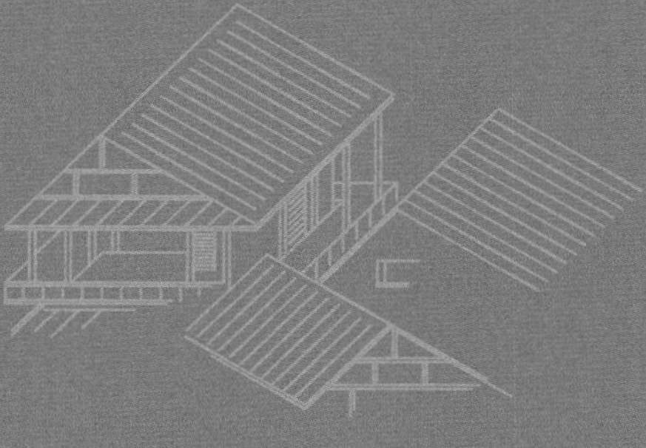

中国古代的自然科学著作有哪些？

中国古代最发达的四大自然科学包括：
农学、医学、数学、天文学。
自然科学著作有：
《天工开物》《梦溪笔谈》
《齐民要术》《本草纲目》
《九章算术》《农政全书》
《甘石星经》《黄帝内经》
《墨经》《禽经》等。

处暑
秋色寒烟翠

秋色连波 波上寒烟翠
碧云天 黄叶地

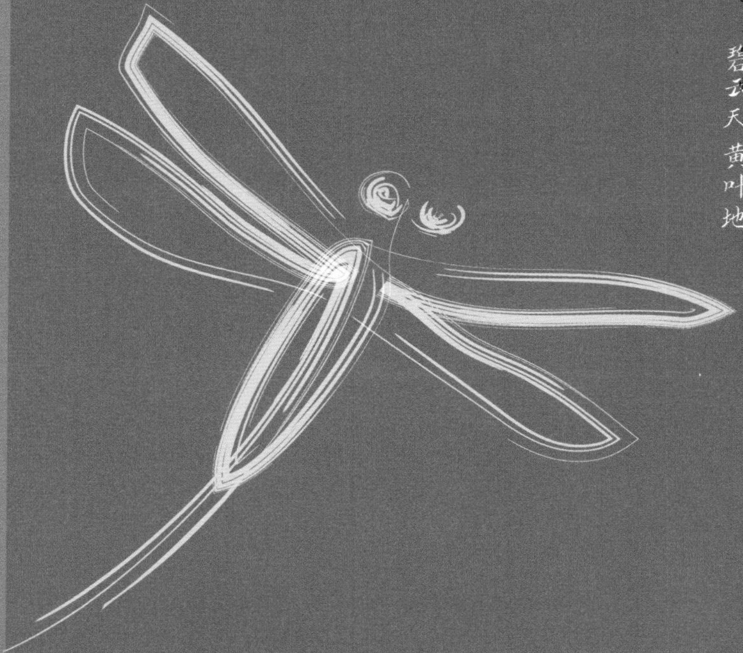

上 字体 / 严永亮
水彩 / 耿晓刚 下

一场不疾不徐的秋雨，拉近了你我与秋的距离。处暑时节，暑气几尽，天地始肃，秋意渐浓。“碧云天，黄叶地，秋色连波，波上寒烟翠”，宋代词人范仲淹描写秋景的经典名句，古今传唱不息。

何谓秋色？从广义上讲，秋的美，美在大自然的丰富色彩与层次感。放眼望去，既有高纯度的黄，也有低纯度的灰，有乱红飞雨的喧嚣，也有暮烟秋水的萧瑟。若把春色比喻成水彩画，那么秋色一定是一幅笔墨横姿的油画。只有融入田野山川，才能尽赏秋色的博大与壮美。

在中国传统色中，秋色有它专属的颜色。秋色像一颗成熟的黄绿色橄榄，细细咀嚼，苦涩中溢出清凉，清香里裹着甘甜，像秋天，像回忆，像一路走来的大半程人生。

海报／肖靖

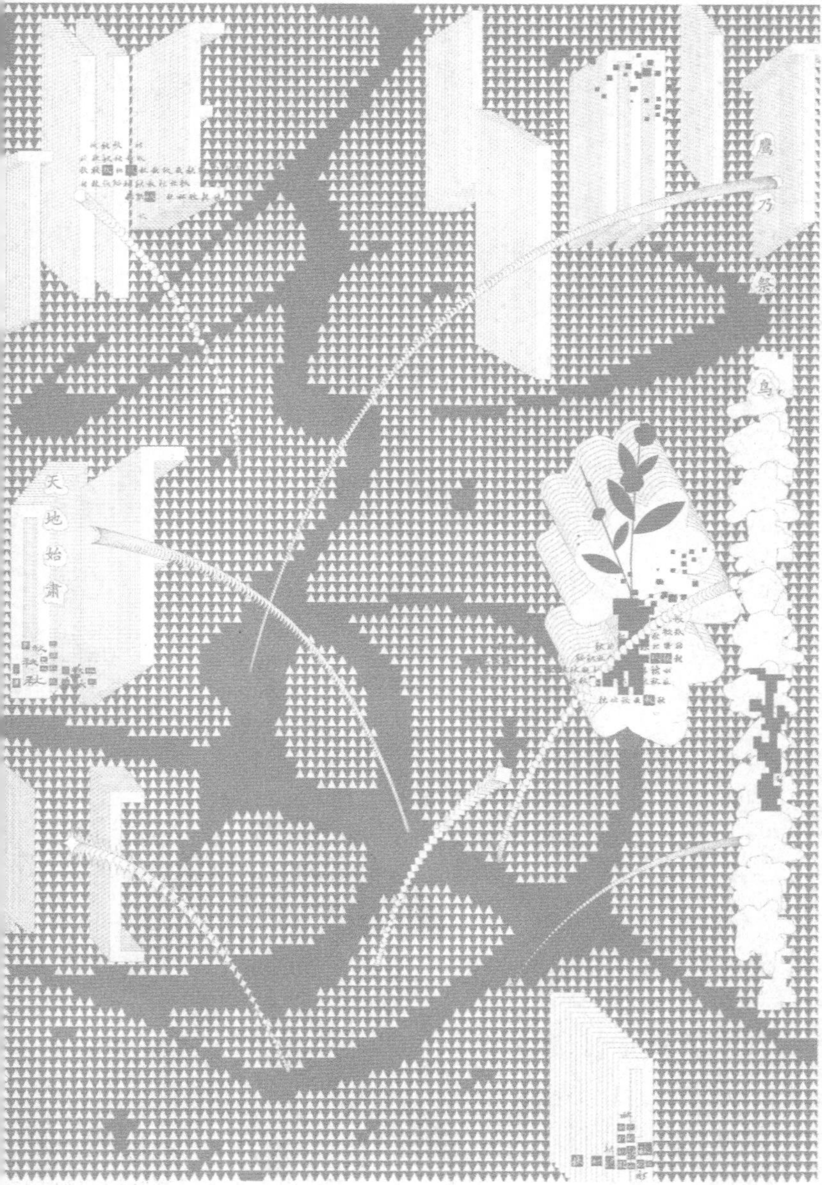

处暑前后，有一个特别的节日——中元节。中元节，俗称鬼节、七月半。女作家萧红的《呼兰河传》中有这样一段文字，经常在中元节时被引用：“七月十五是个鬼节，死了的冤魂怨鬼，不得脱生，缠绵在地狱里边是非常苦的，想要脱生，又找不着路。这一天若是每个鬼托着一个河灯，就可得以脱生。”在中国民间的传统观念中，农历七月神秘而幽暗。中国的清明节、中元节、寒衣节都是与死亡有关的节日，体现了中国人“事死如事生，事亡如事存”的伦理思想与豁达的生死观。

海报／贺冰淞

上 折纸 / 王红韬
摄影 / 陈阳 下

中元悼亡，文化与信仰伴行，放河灯是其中一项重要的习俗。每年“七月半”之夜，生者会放河灯寄托对亡灵的美好祝愿。一盏盏河灯犹如萤火万点，随波漂流而去。放河灯的人多，观河灯的人更多。河灯照亮了中元的夜晚，人们相信，如果河灯漂得很远，那就预示着我们的思念与祝福到达了彼岸。

从生到死有多远，呼吸之间；从迷到悟有多远，一念之间；从夏到秋有多远，处暑之间。处暑秋色，渐染山川。

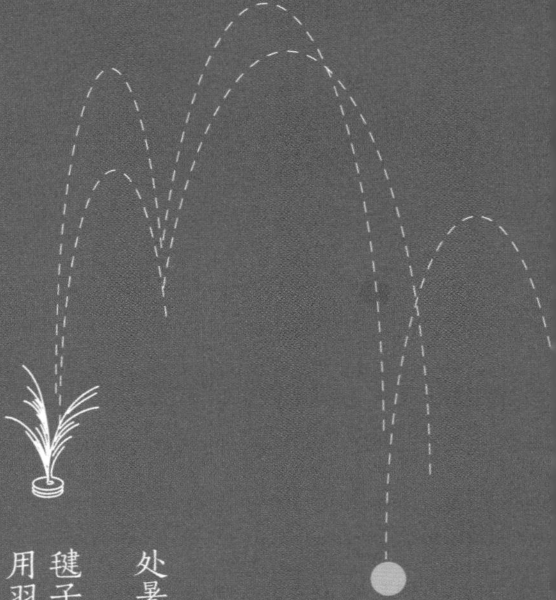

处暑之物：毽子

毽子，用羽毛插在圆形的底座上制成的游戏器具。

其起源于汉代，前身是古代蹴鞠（类似现代足球）。

踢毽子是处暑时节非常受欢迎的传统游戏，这个游戏要求玩家用双脚或腿部等部位（双手除外）控制毽子，使毽子在空中连续跃起，不能落地。

Tips

女作家萧红

萧红（1911—1942），
“民国四大才女”之一，
被誉为20世纪“30年代的文学洛神”。
1935年，在鲁迅的支持下，
萧红发表了其成名作《生死场》。
长篇小说《呼兰河传》是她的生前绝笔，
小说写出了个体对生命意义的探寻。
萧红病逝时年仅31岁。

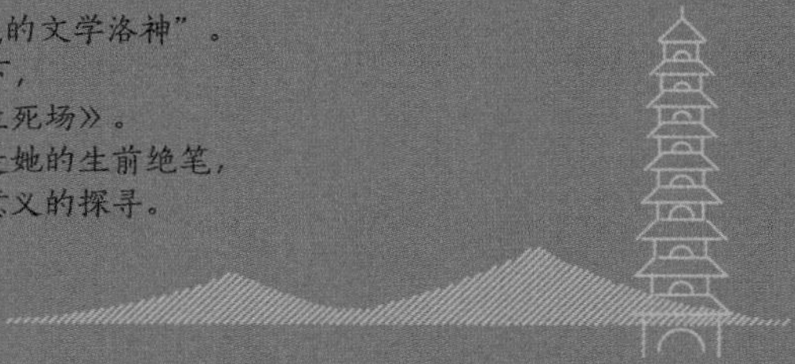

处暑怎么读？

正确读音为 chǔ shǔ。
根据明代《月令七十二候集解》中的解释，
这里的“处”应读作上声，即第三声。

节气中的“三暑”

二十四节气有“三暑”，
即小暑、大暑、处暑。
处暑即出暑，
《说文解字》曰：“处，止也。”
“处”的本义是“止息”“停留”。
处暑是反映气温变化的节气，
表示酷热难熬的天气已近尾声，暑气逐渐消退了。

白露
水色秋逾白

一叶知秋 一露知寒
水色淡如空

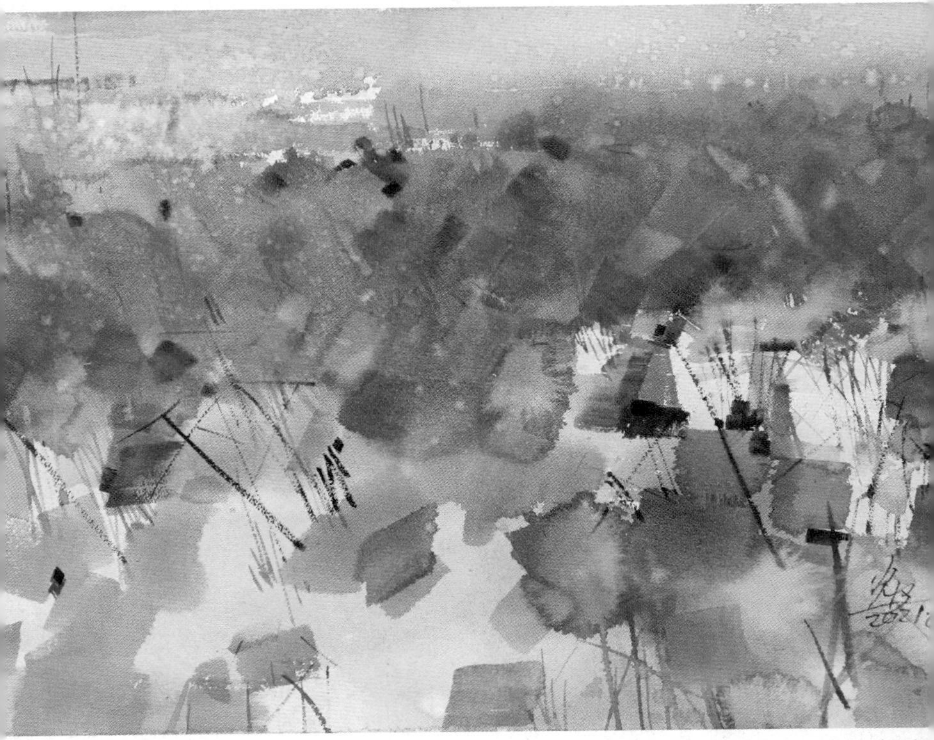

水彩 / 李光安

上

拼贴／杜少峰

字体／严永亮

下

一叶知秋，一露知寒。白露节气的到来，昭示着秋天走向了深处。白露，清雅、诗意的节气，“蒹葭苍苍，白露为霜。所谓伊人，在水一方”。露是天地之灵气，也是世间之清愁。

秋的色彩给人的感觉是沉稳而浓烈的。唯有白露，犹如一幅水墨丹青，远山空蒙、近水微澜，古典、婉约、唯美、浪漫。“水色淡如空”，用水色表现白露的颜色，再贴切不过。水色，水面呈现的色泽，淡青，接近于白。

在南方，露水一年四季都有，秋天尤多，北方的露水到了冬季会冻结成霜。白露前后，夏日残留的暑气消弭殆尽，天气迅速转凉，朝露与日增厚，清晨在草叶上凝结成层层簇簇的水滴，清澈晶莹、剔透无瑕。

白露时节，我们的祖先有收清露的风雅习俗，即日出之前，将花间草叶上的串串晨露扫入盘中，收集起来。古人笃信，露是无根天水，祥瑞之物。以露洗面，面则润泽，以露入茶饮、入药食，身体则不生烦热。

上 海报／贺冰淞
摄影／白雪涛 下

关于“食清露”的记载，可以追溯到上古时期。《山海经》载：“西有王母之山、壑山、海山。有沃之国，沃民是处。沃之野，凤鸟之卵是食，甘露是饮”，意思是大荒之地的西面，有王母山、壑山和海山。那里有一个沃国，居住着沃民。沃民生活在沃野之上，以凤鸟的卵为食，以甘露为饮。相传，植五谷、尝百草的神农氏在品尝草药时，因食入滚山珠而中毒，昏倒在茶树下，树叶上的露水流入他的口中，使其苏醒。如果说神农饮露乃无意之举，那么屈原饮露则是对高洁品格的追求。《离骚》中的诗句“朝饮木兰之坠露兮，夕餐秋菊之落英”，描绘了饮木兰花上露水，食秋菊花瓣的清雅画面，至今被世人传颂。

露水，夜半来，天明去。美好的事物大多稍纵即逝，古人用“人生如朝露”，比喻生命的短暂与易逝。“露从今夜白，月是故乡明。”白露过后，很快便到中秋了。

海报／如风

白露之物：蟋蟀盆

斗蟋蟀，中国古代历史悠久的民间游戏。民谚有「白露一到，蟋蟀狂躁」的说法，白露节气斗蟋蟀是传统习俗。用来饲养斗虫儿的器皿，被称为「蟋蟀盆」，亦称「蛐蛐罐」。

蟋蟀盆的材质多种多样，有瓷制、陶制、玉制、石制以及漆器等。

最早的陶瓷蟋蟀盆是由帝王指定的御窑和官窑烧制的，作为贡品专供皇室使用，极少传至民间。御窑、官窑烧制的蟋蟀盆精致无比、种类纷繁。

Tips

与白露有关的古诗词

《衰荷》
唐·白居易
白露凋花花不残，
凉风吹叶叶初乾。
无人解爱萧条境，
更绕衰丛一匝看。

《月夜忆舍弟》
唐·杜甫
戍鼓断人行，边秋一雁声。
露从今夜白，月是故乡明。
有弟皆分散，无家问死生。
寄书长不达，况乃未休兵。

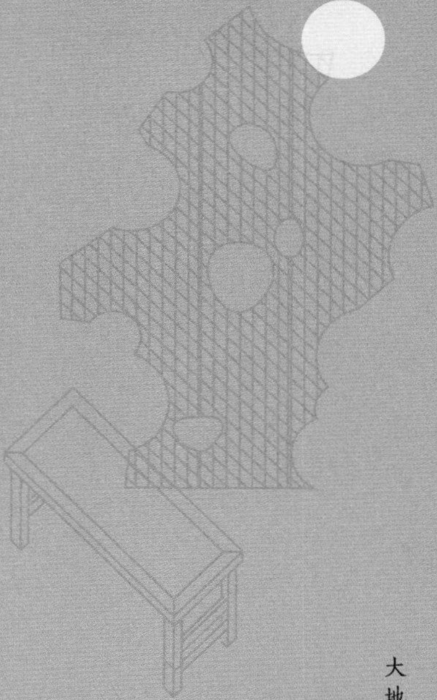

《次韵子瞻和渊明饮酒二十首·其十六》
宋·苏辙
家居简余事，犹读内景经。
浮尘扫欲尽，火枣行当成。
清晨委群动，永夜依寒更。
低帷闕重屋，微月流中庭。
依松白露上，历坎幽泉鸣。
功从猛士得，不取儿女情。

秋分
中秋秋月黄

坐于窗边 斟一壶小酒 啖三二肥蟹

桂花香馅裹胡桃 江米如珠井水淘

闻满庭菊香 人生之乐莫过于此

上 字体／严永亮

剪纸／张冬萍 下

图中英文：藏书票

“中秋前后是北平最美丽的时候。天气正好不冷不热，昼夜的长短也划分得平均。没有冬季从蒙古吹来的黄风，也没有伏天里挟着冰雹的暴雨。天是那么高，那么蓝，那么亮……”在老舍笔下，北平的秋是人间天堂。秋分是个古老的节气，同春分一样，寒暑均平，昼夜等长。秋分的到来，标志着秋已过半，剩下的半个秋天，秋的色彩将愈发浓烈丰富。

秋月黄，自带温度的亮黄色，秋分时节总会联想到它。从远古至今夕，每逢中秋，那一轮明亮的满月，伴着古调乡愁，总是如约挂在天际。抬起头，你便会和思念的人一起“沦陷”在这温柔而绵长的月色里。

插画 / 如风

中秋节的起源，与古时的月崇拜及祭月文化密不可分。“中秋”一词最早见于《周礼》，于隋唐时正式定为节日。大约从宋代开始，中秋节越来越流行。到了明清，其分量堪比春节，成为中国非常重要的传统节日。

赏月，中秋节的重要习俗。古往今来，中国人对那一轮明月情有独钟。月亮也温柔而悲悯地陪伴着芸芸众生，阴晴圆缺，周而复始。“嫦娥奔月”“玉兔捣药”“吴刚伐桂”的神话故事，总会在中秋之夜，在那轮明黄色的满月之下，被口耳相传。

宋神宗熙宁九年（公元1076年）中秋，皓月当空，月华如水。苏轼通宵畅饮，大醉酩酊。他望月思亲，挥毫落纸，赋词放歌：“明月几时有？把酒问青天。不知天上宫阙，今夕是何年。我欲乘风归去，又恐琼楼玉宇，高处不胜寒。起舞弄清影，何似在人间。转朱阁，低绮户，照无眠。不应有恨，何事长向别时圆？人有悲欢离合，月有阴晴圆缺，此事古难全。但愿人长久，千里共婵娟。”

水墨／李啸海

这阙《水调歌头·明月几时有》，旷古烁今。苏轼一生政途坎坷，熙宁七年被调任密州知州。苏轼原本请求调往离胞弟苏辙较近之地任职，但未能如愿。在两年后的中秋佳节，苏轼望着天上的一轮明月，万般思绪涌上心头，乘酒兴写就中秋词之千古绝唱。

月圆人团圆。中国人自古崇尚圆形，将“圆”与敬天、吉祥、完整、如意相连，渴求无缺境界，期盼团圆美满。几千年积淀的“圆文化”，逐渐形成了中华民族的审美习尚。

“今人不见古时月，今月曾经照古人。”亘古不变的那轮明黄色秋月，见证着中华上下五千载文明的延续，见证着世代中华儿女对花好月圆的祈愿。

上 水彩 / 耿晓刚
折纸 / 王红韬 下

秋分之物：月饼模

月饼模，制作月饼的工具。有文字可考的历史可以追溯到宋朝。这是旧时几乎家家户户都有的工具，印模形式丰富、图案多样。小小模具将生活与艺术合二为一，蕴含了人们对美好生活的朴素向往，是民间雕刻艺术的瑰宝。

Tips

老舍

老舍（*1899—1966*），原名舒庆春，
现代小说家、剧作家，
新中国第一位获得“人民艺术家”称号的作家。
代表作品有：《我这一辈子》《骆驼祥子》《龙须沟》《四世同堂》《茶馆》等。
老舍的小说被译成各种文字在全球出版，
其中《骆驼祥子》一书，
跻身世界文学名著之林。

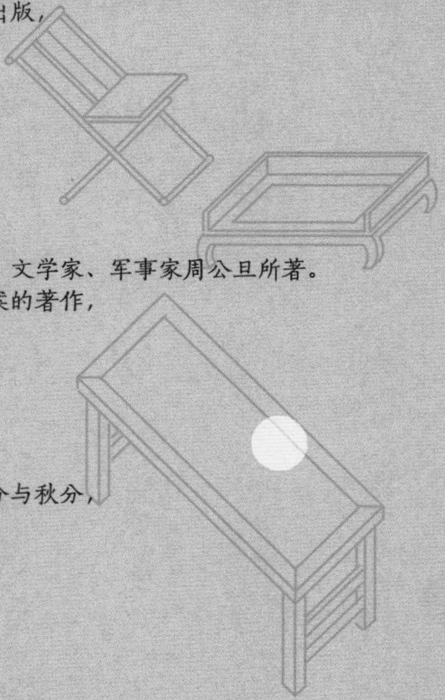

《周礼》

国学经典《周礼》，
世传为西周时期的政治家、思想家、文学家、军事家周公旦所著。
是一部通过礼乐制度来表达治国方案的著作，
内容涉及社会生活的方方面面。

昼夜等长

这种现象出现在二十四节气中的春分与秋分，
意思是白天和夜晚的时间一样长。
古人很早就通过对日影的观测，
发现了这个秘密。
古时测日影的仪器叫“圭表”，
圭表的用途非常广泛，
不仅可以帮助确定季节的变化，
还能用来划分四季、推算历法、指导农事。

寒露
鸦青袭旧书

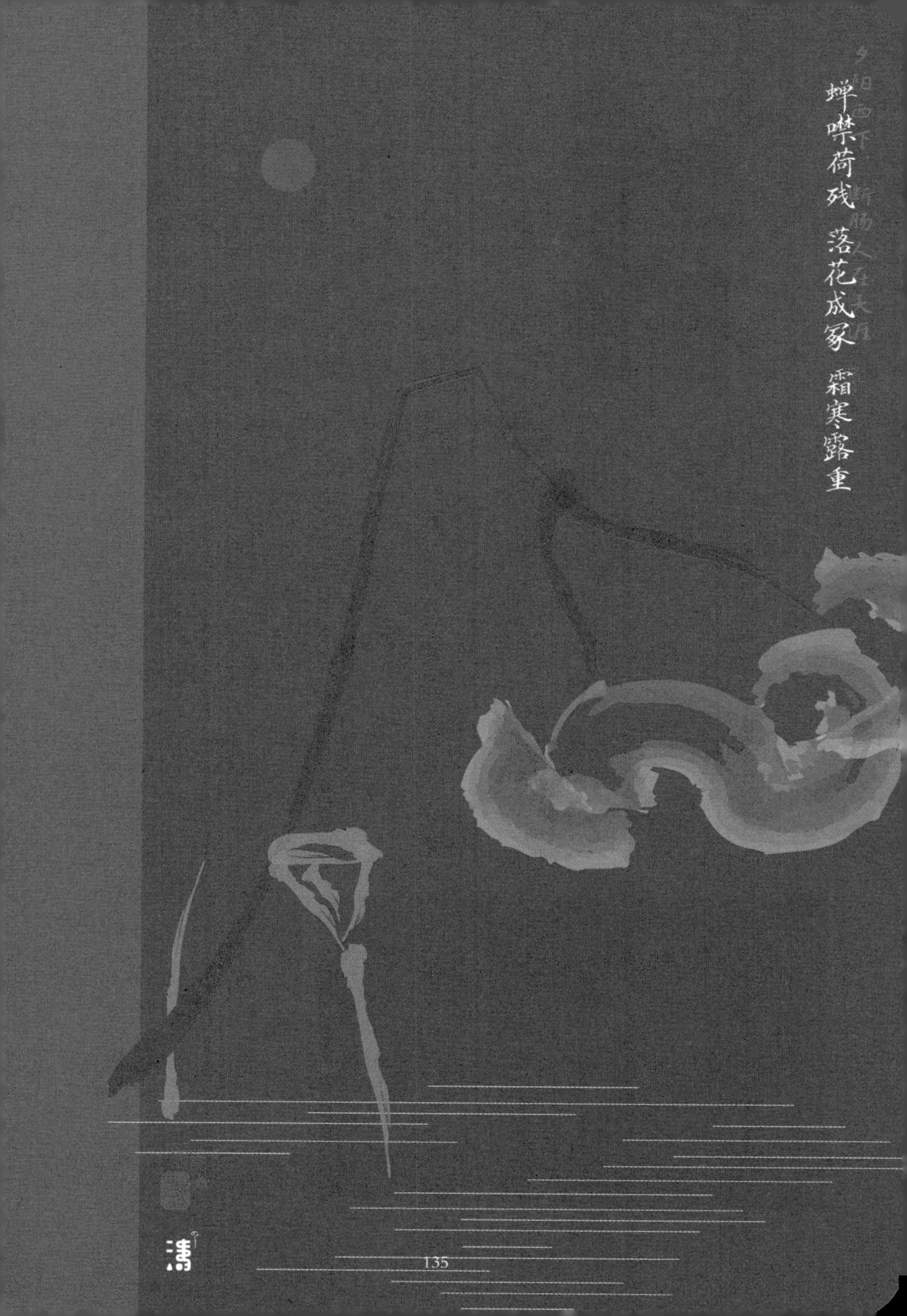
蝉噤荷残 落花成冢 霜寒露重
夕阳西下 断肠人在天涯

“枯藤老树昏鸦，小桥流水人家，古道西风瘦马。夕阳西下，断肠人在天涯。”这首不足三十字的小令，没有出现一个“秋”字，却为世人绘制了一幅萧瑟凄凉的晚秋图景，堪称元代散曲之绝唱，被后人誉为“秋思之祖”，暮秋诵读，甚是应景。

寒露，蝉噤荷残、落花成冢、霜寒露重，鸦青色最符合此节气的气质。鸦青，鸦羽之色，黑中略带青紫色光泽，仿若取自中国水墨的那一抹黑，神秘沉郁、遗世独立。

鸦青备受古人青睐。元代有一种纸币叫鸦青钞，即用鸦青色棉纸印制的钱币。《全元散曲》一书中多处提及鸦青钞。比如元曲四大家之首关汉卿的小令《步步娇》中：“积攒下三十两通行鸦青钞，买取个大笠子粗麻罩。”刘庭信的散曲《醉太平·走苏卿》中亦有“老卜儿接了鸦青钞，俊苏卿受了金花诰”的唱段。

上 字体／严永亮
水墨／李啸海 下

海报／贺冰淞

众所周知，纸币自宋代“交子”始，在元代社会生活中已极为常见。“弓马取天下”的元统治者，在政权稳固后大规模印发纸币。元代交通发达，以大都为核心枢纽，联通世界各地。元代对外贸易繁荣，各国使臣、僧侣、旅者往来不绝。元代纸币在古代欧亚大陆之间的贸易过程中，扮演着十分重要的媒介角色，同时也为中国印刷术的传播做出了独特贡献。

除纸币外，元代染织局所还大量出产鸦青色的绸缎。明代时，鸦青色被列为皇室贵族女性的服饰专用色，平民女子则被禁止使用。

油画棒 / 耿晓刚

上 摄影 / 陈 阳

下 水墨 / 王家鲲

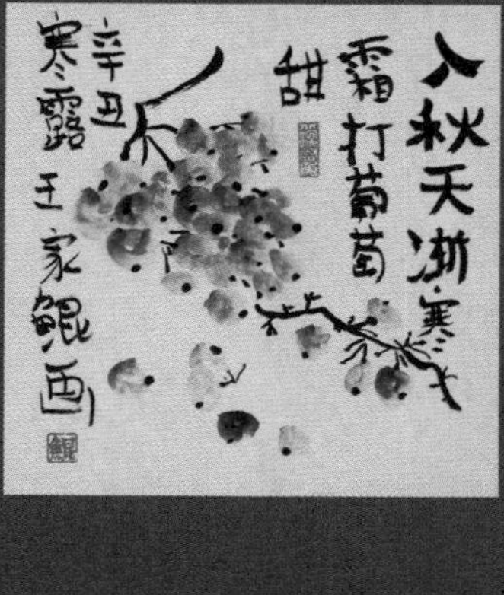

蓝宝石在明代被称为“鸦青”。《金瓶梅词话》中，李瓶儿私房宝物内包括“二两重一对鸦青宝石”。明代陆人龙创作的短篇话本小说集《型世言》中有一篇《宝钗归仕女》，其中贯穿整个故事的是一支祖传金钗，钗上所镶“四五颗都是夜间起光的好宝石”，“内中有一粒鸦青”。

蓝宝石超凡脱俗、深邃神秘，似乎与鸦青色没有任何关系。但其实，从元代起，人们直接借用阿拉伯语里的“宝石”一词，以其音译称呼从异国舶来的彩色宝石。在阿拉伯语中，“宝石”的发音大致接近“*yagut*”，故被直呼“鸦青”。

寒露之美与鸦青之妙似乎无甚关联，但偶尔闲庭信步、信马由缰，又何妨？

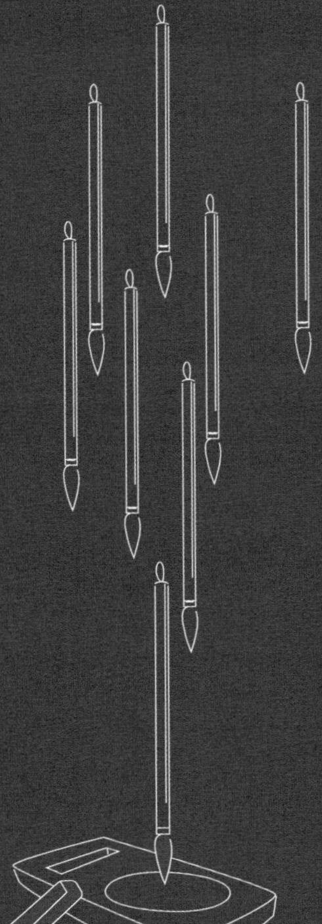

寒露之物：砚

中国书法的必备用具，
与笔、墨、纸合称为中国传统的文房四宝。
砚文化肇始于中华文化的源头，
经过长期的发展与演变，
砚已不再是单纯的文房之物，
而是成为精美的工艺品，
并具有丰富的文化内涵和象征意义。
古人常把寒与砚相连，
寒砚，意为冰凉的砚台。
常用以衬托环境的凄清冷落。

Tips

元曲四大家

元曲四大家指的是元代四位杰出的杂剧作家：
关汉卿、白朴、郑光祖和马致远。
“枯藤老树昏鸦，小桥流水人家，古道西风瘦马。
夕阳西下，断肠人在天涯。”
这首《天净沙·秋思》即为马致远所作。

交子

交子曾是古代的一种存款凭证。
宋代时，作为最早的纸币，
发行于四川成都。

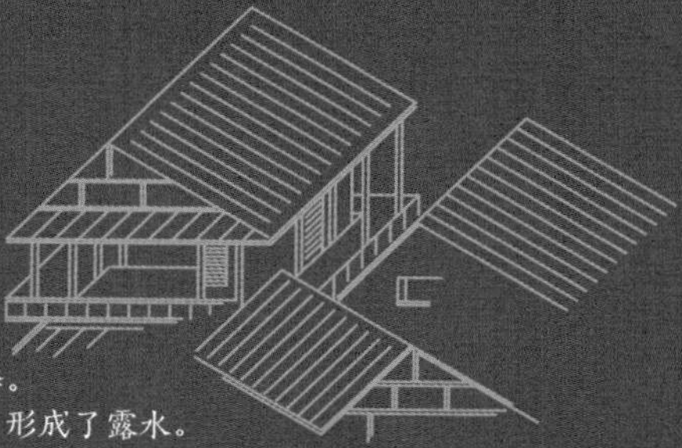

寒露与白露

两个以“露”命名的节气都出现在秋季。
悬殊的昼夜温差，使水汽凝结于草木，形成了露水。
如果用一字来形容它们的不同，
那么白露是“凉”，寒露是“冷”。
白露时节，秋高气爽，北燕南飞。
寒露时节，菊花盛开，秋意正浓。

霜降
迎霜野柿红

万物毕成 毕入于戌

白昼秋云散漫远 霜月萧萧霜飞寒

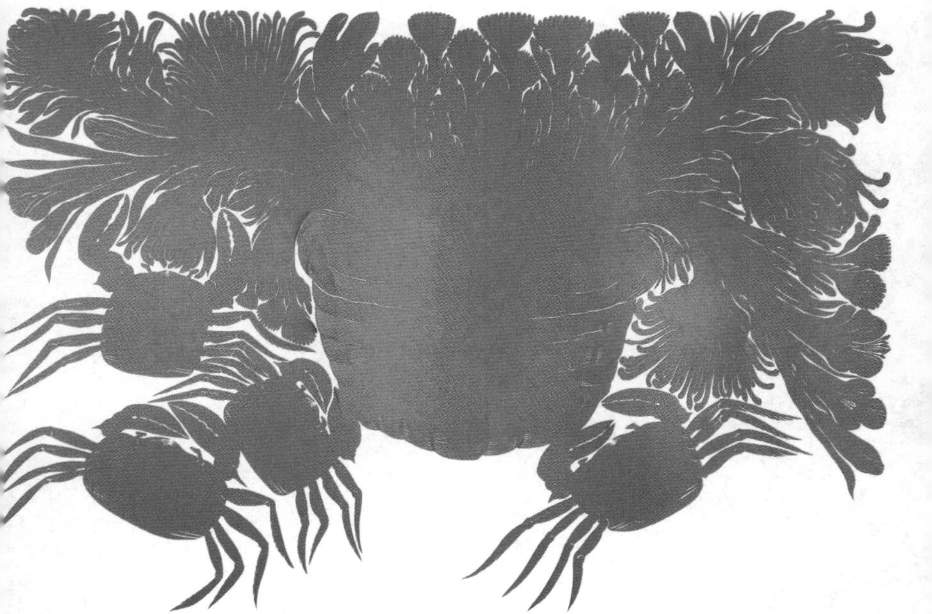

左 水彩 / 耿晓刚

剪纸 / 赵希岗 右

字体 / 严永亮

“气肃而凝，露结为霜”，二十四节气似优美的慢板乐章，在张弛有序、起承转合之间，缓缓步入秋天的最后一个节气——霜降。

此时，“万物毕成，毕入于戌，阳下入地，阴气始凝”。露凝华，暮秋至，傲霜野柿却似深秋的精灵，在绿意褪去的北国山野，悬霜照采。

柿红，柿子成熟时的颜色，红中带黄，属于橘黄与橘红之间的过渡色。柿红作为色彩词，至少在宋代就出现了。以柿红釉建盏为例，其釉色质朴秀雅、古色古香，在宋代艺术瓷中独具魅力。

柿子的原产地在中国，且柿子已有上千年的栽培史。其果实饱满甜蜜，软糯脆爽皆相宜，是人们喜食的时令佳品。柿子之于国人，还是美好的象征——万事（柿）如意、事事（柿柿）平安。一枚柿子不仅能征服味蕾，还能愉悦心情。

海报／贺冰淞

图中英文：藏书票

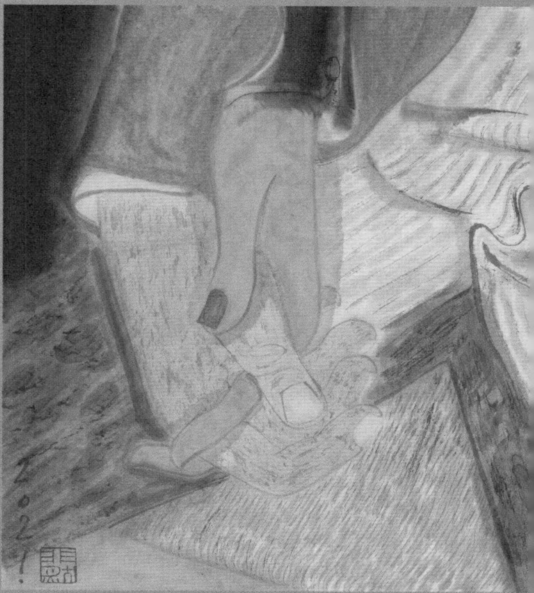

左 剪纸／张冬萍

水墨／蒋非然 右

中国人讲究言必有意，意必吉祥。在科学和生产力尚不发达的古代，祖先认为语言具有灵性与超自然的力量。在无法改变生活困境或者遇到一些不能解释的现象时，他们就会通过各种仪式用语言向上天祈祷，以求趋吉避凶。为了求得更多吉利，人们在生活中也大量使用祝福语。久而久之，形成了吉祥语文化。

吉祥语中修辞巧妙得体的运用，可以变消极为积极，甚至起到意想不到的作用。讲个日常生活中的小故事。宴会上，主人不小心碰撞了桌子，杯子、筷子落在地上，主人不知所措，大家面面相觑。这时一位客人解围道：“恭喜恭喜，主人要交好运了！杯子摔了，这叫‘悲（杯）去喜来’，筷子落了，这是快乐（筷落）无比！”众人随声附和，主人的尴尬被两个谐音词语，轻易化解了。

谐音双关是利用汉语词语的谐音现象，把原本不相干的事物与吉祥语联系起来，使之成为具体的事物或行为的象征。比如，画有蝙蝠与梅花鹿的年画，即取“福禄双全”之意。

吉祥语文化不仅是语言的艺术，还是汉民族传统文化长期的积淀，缘起于中国人的生命信仰，以其独特的表现形式融入生活中的方方面面。

四时之秋，渐行渐远。挂在枝头的迎霜野柿，恰似晚秋美好的祝福，祺佑人世间多喜乐、长安宁。

霜降之物：埙

古时一种用陶土烧制的吹奏乐器，
形如鹅蛋，六孔，顶端为吹口。
埙的音色古老、浑厚、沧桑、哀婉，
如泣如诉，直抵灵魂，
仿若暮秋之音。
陶埙在中国历史文化和世界原始艺术中，
占有重要的地位。

Tips

“气肃而凝，露结为霜”
“万物毕成，毕入于戌，阳下入地，阴气始凝”

出自《月令七十二候集解》。
此书由元代文人吴澄（*1249—1333*）编著，
将二十四节气中的每个节气分成三候，
各训释其所以然。

谐音吉祥语

年年有余（鱼）
大展宏图（兔）
福（蝠）寿连绵
吉（鸡）祥如意
步步高（糕）升
福（葫）禄（芦）双全

中国的传统吉祥物

龙是中国传统文化中最具代表性的吉祥物之一，
自古以来被尊奉为中华民族的图腾。
凤是中国古代传说中的百鸟之王，
也是著名的传统吉祥物。
此外还有麒麟、龟、鹤、鱼等等。

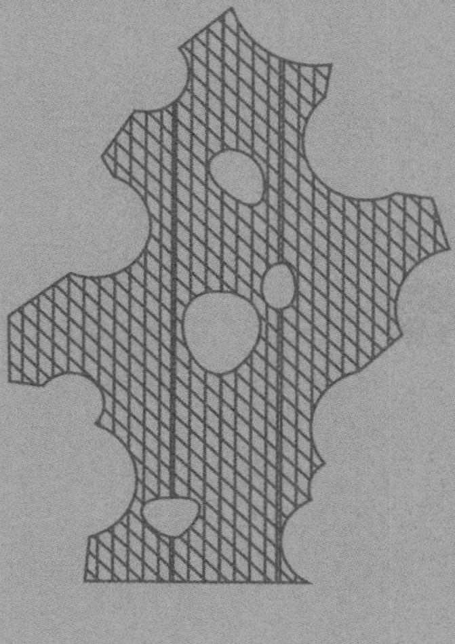

大地二十四颜 ◆ 冬

立冬
山峦黛色浓

天寒既至
霜雪既降
山峦黛色浓

上 字体／严永亮

水彩／李光安 下

春生夏长，秋收冬藏。四时从容流转，不知不觉，天地间已进入一年之中最后的时令——冬季。此时，万物因天之序，休养生息。

冬日向晚，暮色四合。青山如黛，松柏苍翠。黛色，中国传统色彩名词，即青黑色。黛色深沉、肃穆、端庄、隽永。唐代大诗人王维有诗云：“千里横黛色，数峰出云间。”黛色是远山的颜色，北方冬季的远山之黛，是四季常青的松柏赋予的——“天寒既至，霜雪既降，吾是以知松柏之茂也！”

海报／肖靖

大地二十四颜 立冬

松柏乃百木之长，耐贫瘠，抗霜雪，一身铮骨，四时长青。《论语》赞曰：“岁寒，然后知松柏之后凋也。”比喻有修为的人，受得了折磨，耐得住困苦，不改变初心。

古语云：“千年松、万年柏”，意思是松树的树龄可达千年，柏树的树龄可达万年。在陕西黄陵，有一株高约20米，主干下围约11米的古柏，相传为黄帝亲手所植，被誉为“世界柏树之父”。这株古柏就位于黄帝陵轩辕庙大门内，关于它的传说，版本众多。其中流传最广的是：黄帝打败蚩尤后，定居在今黄陵县桥山。他发现那里的百姓经常上山砍伐树木，山上缺了林木，鸟兽无处栖身，雨季若来了洪水，还会危及山民的财产和生命安全。于是黄帝亲手植下一株小柏树，人们见状纷纷效仿。从此，植树造林成为当地的优良传统。

上 海报／贺冰淞

摄影／陈阳 下

艺术大师徐悲鸿曾以北京的古柏为题，创作出多幅国画。他在题记中写道："北京为世界上古树最多之都会，尤多辽、金、元、明以来之古柏。盘根错节，苍翠弥天，斧斤所赦，历劫不磨。满京城洋洋大观的古树，的确是京城的一大特色。"作为六朝古都，北京的皇家园林、帝王陵寝、古寺名刹众多。在这些古建周围，随处可见苍翠遒劲、巍峨挺拔的古松柏群。美国前国务卿基辛格在参观天坛时慨叹："建筑很美，我们可以照你们的样子修一个，但这里美丽的古柏，我们就毫无办法得到了。"的确，京城的古松柏群同属"国之瑰宝"。

时至立冬，大自然开启了休憩模式，唯有苍松劲柏，黛色正浓。

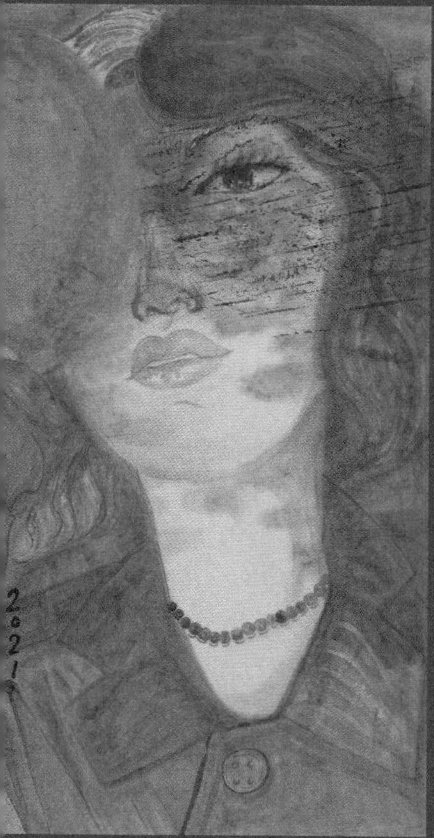

水墨 / 蒋非然

立冬之物：古玉

『石之美者为玉。』

中华民族爱玉、敬玉、崇玉、藏玉的历史悠久，
国人对美玉情有独钟。
远古先民相信美玉通灵，
可以汲取神明的智慧和自然的能量。
通常，汉代以前的玉石被称为古玉，
具有历史价值、文化价值、艺术价值和收藏价值。
古玉质地细腻、莹和光洁，
立冬时节，玉不凉手，适宜把玩。

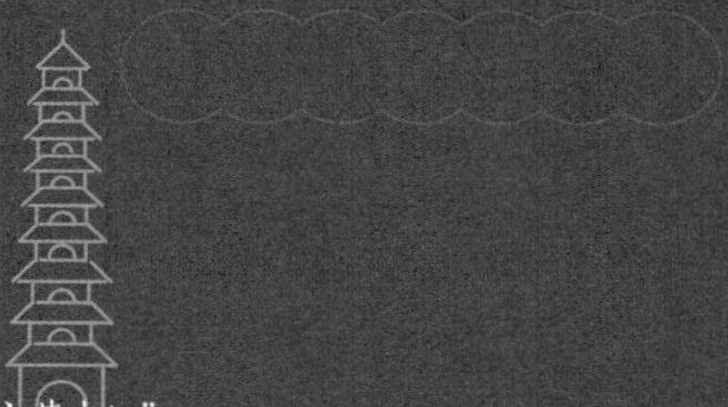

Tips

“天寒既至，霜雪既降，吾是以知松柏之茂也！”

出自《庄子 · 杂篇 · 让王》
意思是：天寒时节，霜雪覆盖了万物，我才知晓松柏的繁茂苍郁。

《论语》

春秋时期思想家、教育家孔子的弟子及再传弟子记录孔子及其弟子言行而编成的语录文集，成书于战国前期。

苏轼缘何叫苏东坡？

宋神宗元丰二年（公元 1079 年），
苏轼被贬黄州。
朋友帮他向官府申请了城东的一块荒地，
苏轼在此开荒种植粮食蔬菜，
这里成了他的栖息之地和理想家园。
苏轼从此自号“东坡居士”。

小雪
青天霁色开

四季常思雪
但求小雪雪漫天
青天霁色开
涛

大地一路走过缤纷、浓烈与丰美，在寒冷降临之际，终于褪去所有华服，袒露出灰褐色肌肤。小雪节气的到来，仿若为其披上一层曼妙的纱衣，使大地母亲以圣洁的姿态，向人们展示初冬的纯美与静谧。

雪霁寒轻。小雪的脸孔是清冷而俏丽的，使人联想到霁青色。霁，雨雪之后即将放晴的天色。霁青，凝练的深蓝。《景德镇陶录·卷二》记载：“霁青器，亦官古户兼仿造，镇陶无专作霁青器者。得其精美，可推上品，俗与好霁红并重。今讹作济青。”因此，霁青又被后人释义为瓷器的釉色名。

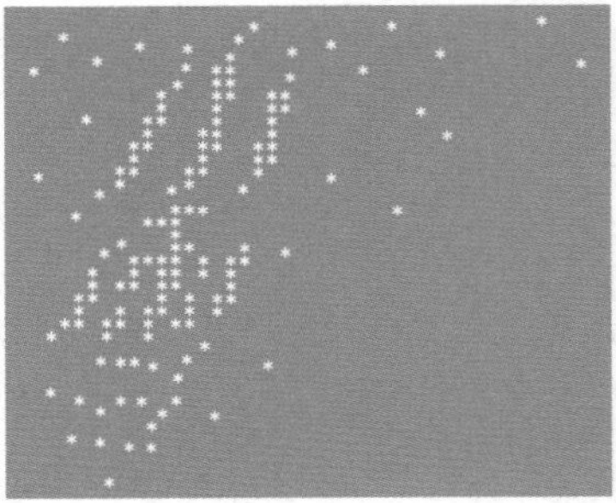

上 字体／严永亮
水墨／李啸海 下

大地二十四颜

小雪

中国是瓷器的故乡，英文“china”一词最初就是“瓷器”的意思。瓷器之美，很大程度上源于光润多彩的釉面，因为釉是瓷器精美的外衣。其实，在新石器时代，用黏土或陶土捏出形状再烧制的器具表面是没有釉的。现代考古研究发现，釉起源于商代。1965年，考古人员在河南郑州一座商代前期的墓葬中发现了一件青釉瓷尊。这件原始而质朴的青釉瓷尊，是迄今为止所见到的最早的瓷器“代表作”。瓷器的釉色体系极为庞大复杂，每种釉色都历经了多个朝代的发展与演变。颜色釉瓷在烧制过程中会出现各种难以预测的变化，这被称为“窑变”。即使是在同一时期，甚至同一窑炉生产的瓷器，釉色也存在一定程度的差异。

青釉是中国瓷器中最早的颜色釉，其釉色古雅、沉稳，釉面均匀、滋润，釉质坚致、细腻。在青釉瓷系中，霁青釉的色泽最为纯正。霁青釉起源于元代的景德镇，明清两代多有烧造。霁青釉历经了元、明、清三代，每个朝代都有其烧造特色。元代的传世品不多，明代最为后人称道的首推宣德年间的作品，到了清代雍正时期，霁青釉色因艳丽而独步有清一代。在某次拍卖会上，一件雍正年间的霁青釉菊瓣壶连盖，最终以1650万元人民币的天价落锤。

四季常思雪，但求小雪雪漫天。唯愿今冬第一场雪降临之时，与君对坐，捧起霁青色茶盏。落雪为念。

摄影 / 陈阳

上 水墨／王家鲲
海报／贺冰淞 下

小雪之物：斗篷

斗篷也叫披风，是用织物或毛皮制成的无袖外衣，用以御寒防风雪。它的起源可以追溯到古时最早用来防风雨的蓑衣。晋代时，斗篷用鹤羽制成，被命名为『鹤氅』。唐宋时期，平民男女以及方士、道士皆可穿之。到了明代，因其披地如月的形状，斗篷又被叫作『月衣』。清代斗篷盛行，长斗篷叫『一口钟』或『篷篷衣』，短的叫『雪衣』。

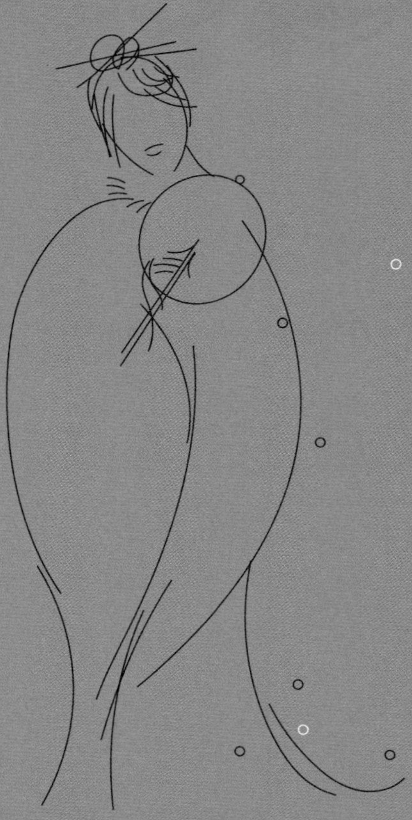

Tips

《景德镇陶录》

清代陶瓷著作。著者蓝浦，江西景德镇人。本书博采文献，并总结陶工实践经验，深入结合实际，全面、系统地记述了景德镇的陶瓷历史。

五大名窑

尽管五大名窑起源于宋代，但这一说法初见于明代的古籍《宣德鼎彝谱》。这部古籍共八卷，由明代吕震等撰写，初仅供皇帝御览，不曾颁行于世，后流到宫外，传抄版本众多。

经典茶杯器型

圆融杯：杯肚外鼓，杯口内收。
压手杯：杯口平坦而外撇，杯腹近乎垂直，自下腹处内收，圈足。
花口杯：杯口形如花瓣。
马蹄杯：杯身形似马蹄。
斗笠杯：杯身形如倒放的尖顶斗笠。
铃铛杯：杯身形似倒放的铃铛。

大雪
围炉话古今

围炉话古今

绿蚁新醅酒
红泥小火炉

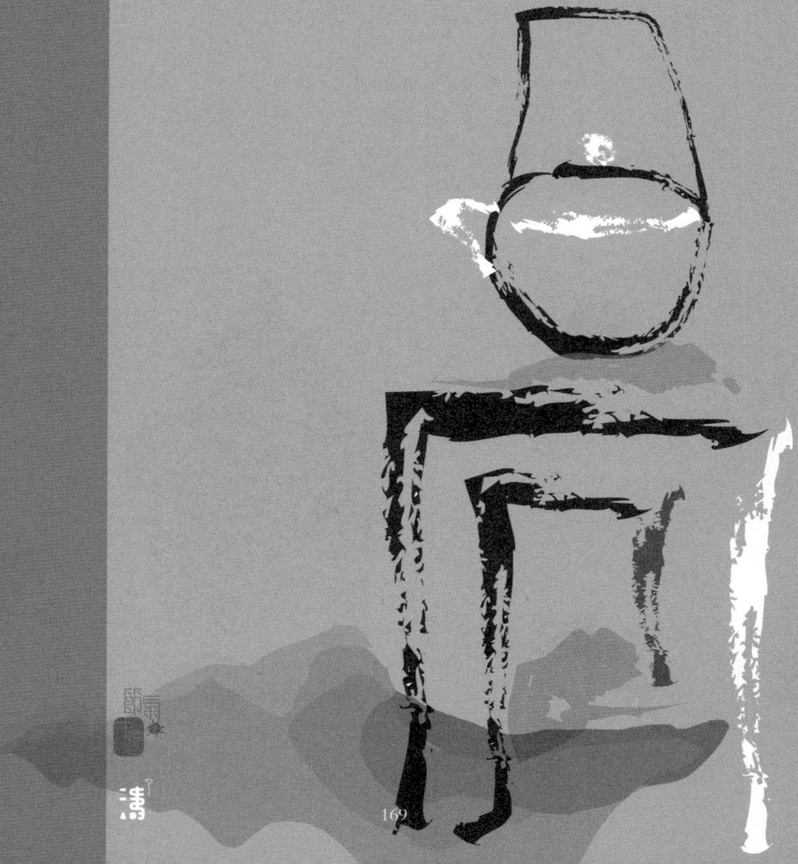

“大雪三日，湖中人鸟声俱绝”，明末清初大学者张岱，用了寥寥数语便描绘出大雪时节的景象：万籁俱寂，只剩下白茫茫一片，无边无际。从大雪到冬至，檐挂冰乳，阶铺银床，北风卷地，冬深夜长。

天寒地冻之时，古人可以做什么来驱散寒冷与孤寂呢？唐代大诗人白居易早有诗句作答：“绿蚁新醅酒，红泥小火炉。晚来天欲雪，能饮一杯无。”酿好了淡绿的米酒，烧旺了小小的火炉。天色将晚雪意渐浓，能否一顾寒舍共饮一杯暖酒？大雪节气，与朋友围炉夜话是古人排解孤寂、驱散寒气的方法之一。

火泥色，大雪时节最温暖而生动的色彩。与传统的中国红不同，火泥加入了橙色调，这使它看起来多了些许毛茸茸、暖烘烘的舒适感，仿佛红泥小炉中的一膛炉火。

上 字体／严永亮
水墨／耿晓刚 下

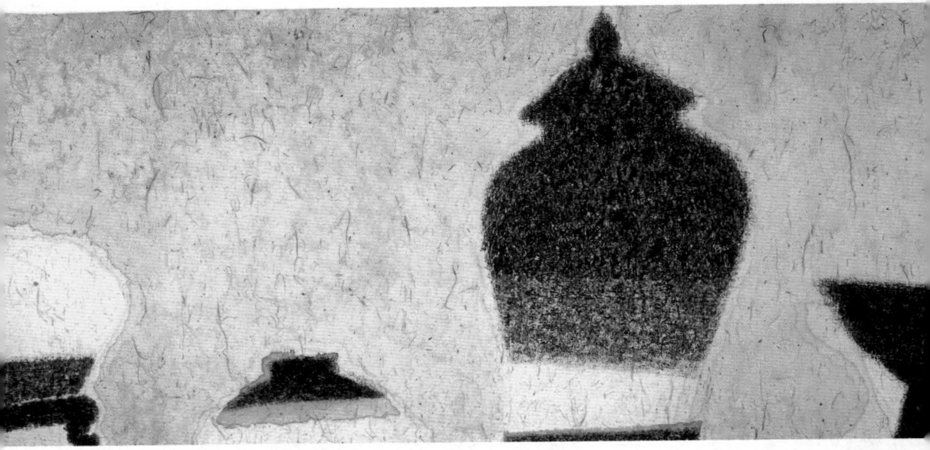

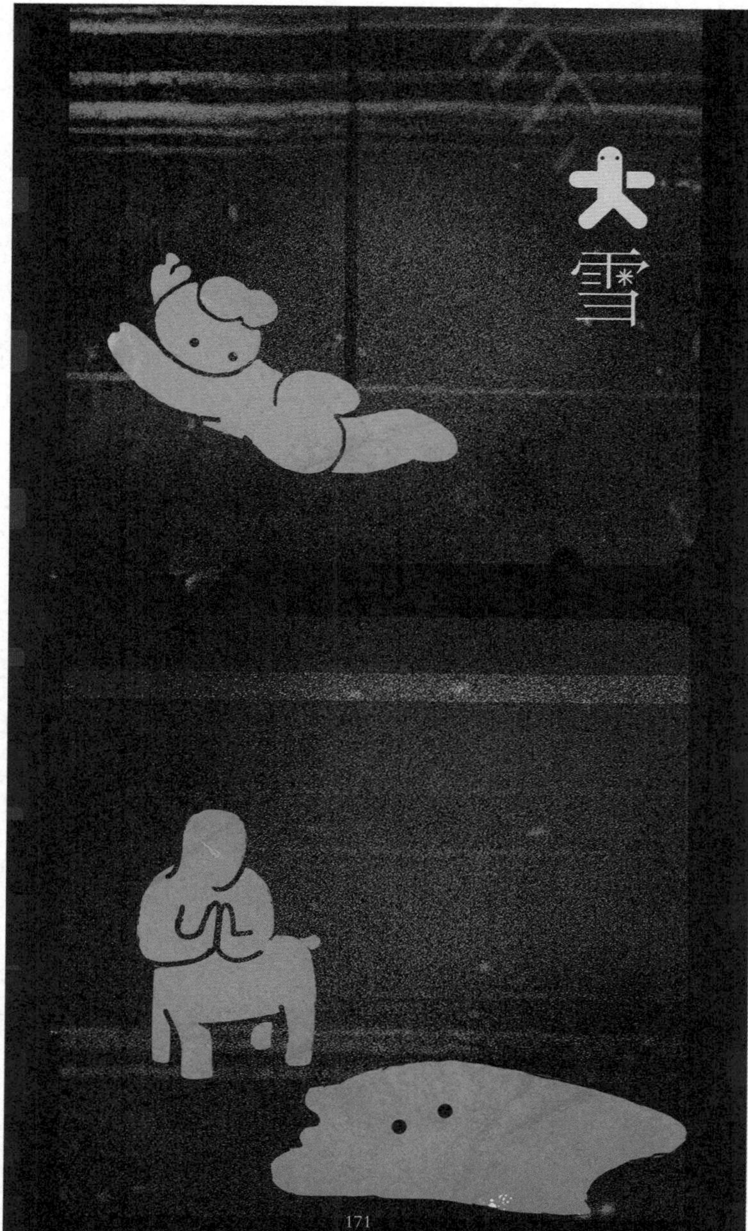
大雪

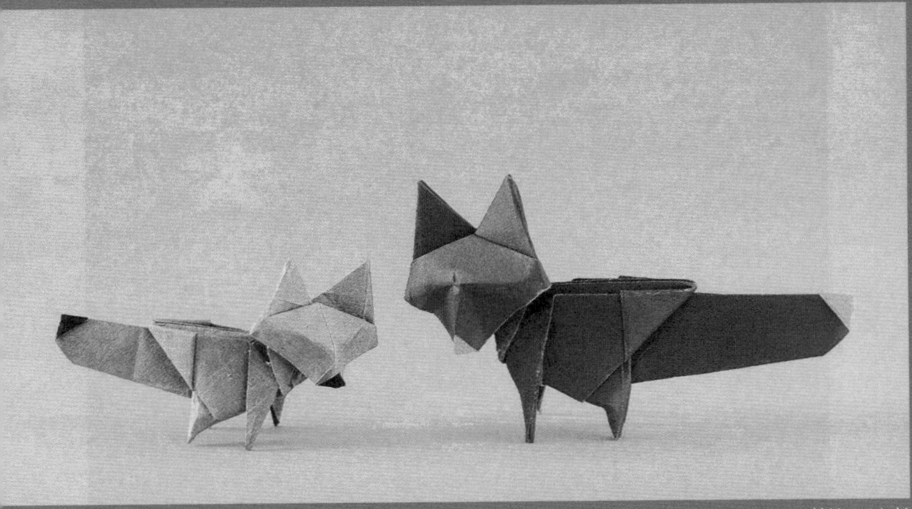

折纸／王红韬

与今人一样，古人一年四季都热衷于聚会。古代文人墨客的聚会被称为“雅集”。据记载，历史上较早的文人雅集，是东汉末年由曹丕主持的邺下之游。自此之后，建安文士云集邺下，经常诗酒征逐、献酬交错。

历史上最著名的一次雅集，当属东晋大书法家王羲之发起的，在“会稽山阴之兰亭”举行的“曲水流觞”，这次聚会诞生了著名的《兰亭集序》。“曲水流觞”源于中国古代一个隆重的节日——农历三月初三上巳节。相传，这天女巫会在河边为人们举行除灾祛病的仪式，这种仪式被称为“祓除”或“修禊”。后来，古人将修禊与踏春、游春的活动融为一体，便有了临水宴饮的风俗。为了增添情趣，有人想出了一个新玩法：将盛满酒的杯子置于溪中，让酒杯顺着曲折的溪流漂浮，漂到谁的面前，谁就要饮了杯中之酒。故名“曲水流觞”。

上 水墨／蒋非然

海报／徐伟 下

图中英文：大雪

东晋永和九年（公元353年）三月初三，大书法家王羲之与当朝名士谢安、孙绰等四十余人，在会稽郡山阴城的兰亭，兴致勃勃地玩起了“曲水流觞”的游戏。众人引溪水作为流觞的曲水，排坐在曲水边，饮酒抒怀，以文会友，不亦乐乎。当日，共得诗三十七首。王羲之也在酒酣人醉之际笔底龙蛇，写下了流芳百世的《兰亭集序》。此序不仅情辞并茂，还是无与伦比的书法精品。尤其是文中的二十多个“之”字，个个令人拍案叫绝。

飞雪隐去万物，隔绝世间纷扰。邀三两友人，围坐在红泥小炉旁，聆听雪落的声音，笑谈千百年间的风雅之事，岂不美哉！

大雪之物：手炉

手炉，古人冬日暖手用的小炉。
一说起源于春秋时期，
楚地潮湿，楚人发明了手炉。
另一说源于隋朝，
隋炀帝冬季南巡，
江都工匠特意赶制了一对龙凤铜手炉献给炀帝取暖。
手炉的材质与造型不断演变，
至明代中后期，
手炉工艺达到了炉火纯青的境界，
最引人注目的当数花纹纷繁的炉盖。

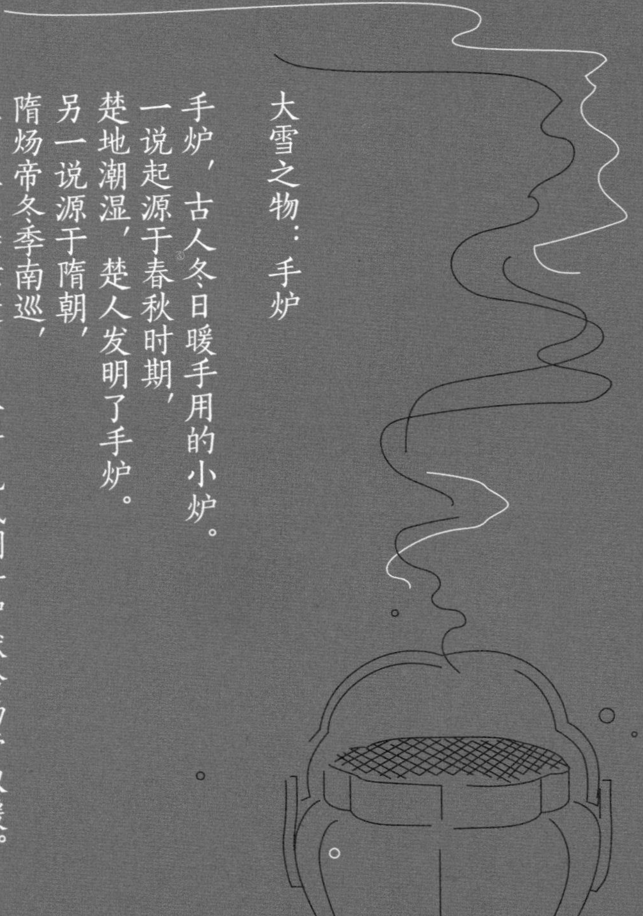

Tips

历史上著名的文人雅集

梁苑之游
邺下之游
金谷园雅集
兰亭雅集
竟陵八友
滕王阁宴
香山九老会
西园雅集
玉山雅集
都下雅集

与大寒有关的古诗词

《大寒吟》
宋 · 邵雍
旧雪未及消，新雪又拥户。阶前冻银床，檐头冰钟乳。
清日无光辉，烈风正号怒。人口各有舌，言语不能吐。

《问刘十九》
唐 · 白居易
绿蚁新醅酒，红泥小火炉。
晚来天欲雪，能饮一杯无。

冬至
极枯生极荣

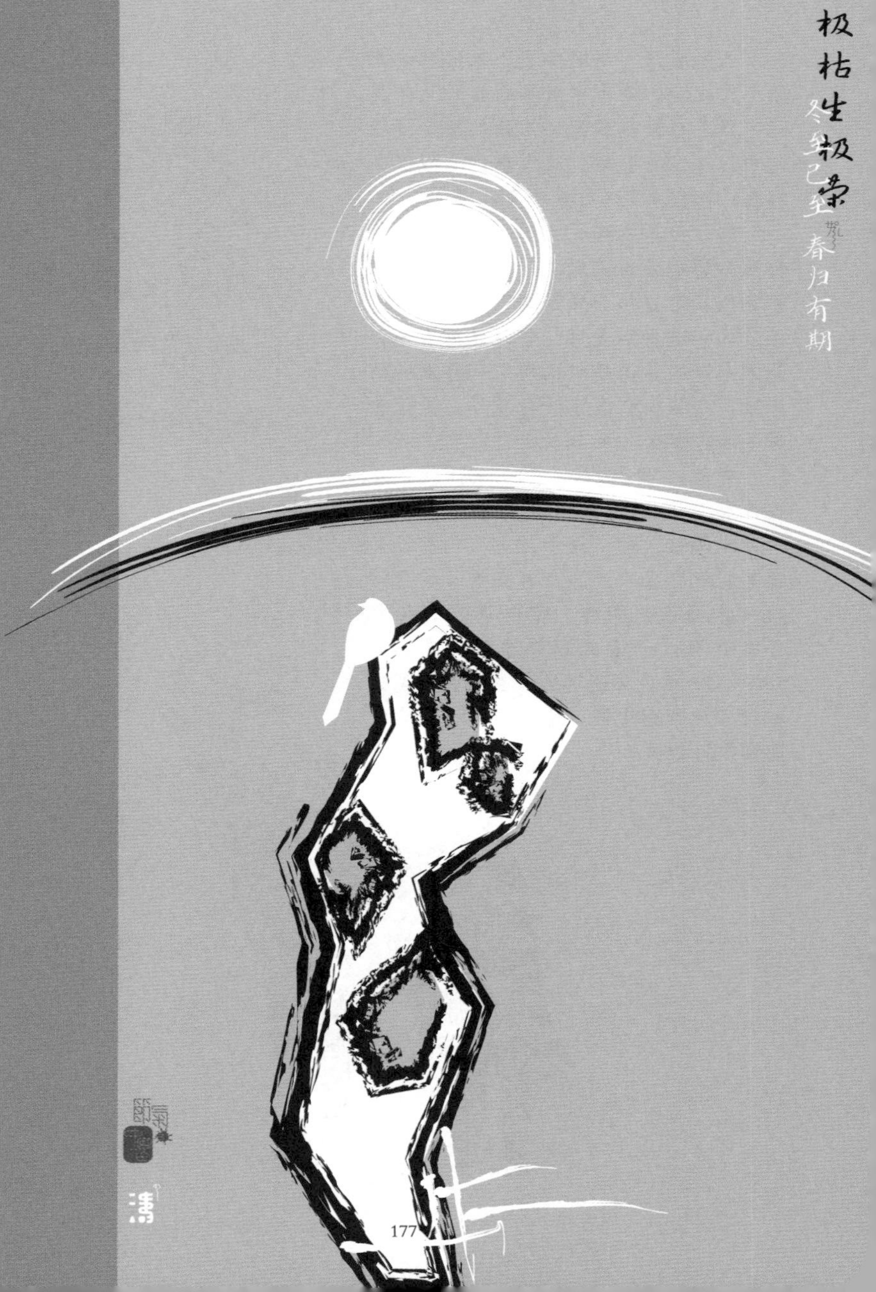
极枯生极荣
冬至已至
春归有期

人们喜用“银装素裹”来形容北方的冬季之美。都市中落雪的日子总是屈指可数，当繁华尽谢，万物傲然于萧瑟之中，裸露着肢体，从容豁达，似恒久存在。枯色才是冬日最本真的颜色。

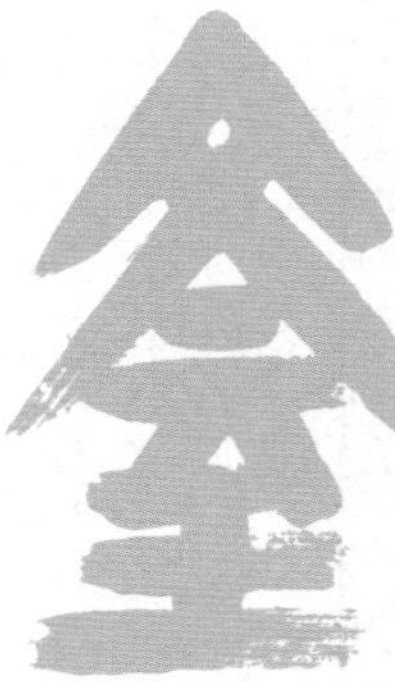

上 字体／严永亮

插画／唐波 下

枯，指草木失去生机。枯色，植物自然枯萎后呈现的颜色，类似木黄色。枯色散发着自然而原始的气息，在褪去外表的华美艳丽之后，它便显露出来。北方冬日的枯山瘦水构成了一种别样的景致，这不仅代表了一种境界，更蕴含着深深的禅意。

禅意，现代人口中的流行词汇。或许有人认为，“禅”是芸芸众生逃离“柴米油盐”的“诗和远方”。然而，禅其实就在世人身边，存在于日常生活的方方面面。相传，印度禅宗的传人菩提达摩，于梁武帝普通年间（公元*520—527*年）从遥远的天竺来到中国，把禅文化带到中国。达摩因此被誉为中国禅宗的初祖。

插画 / 如风

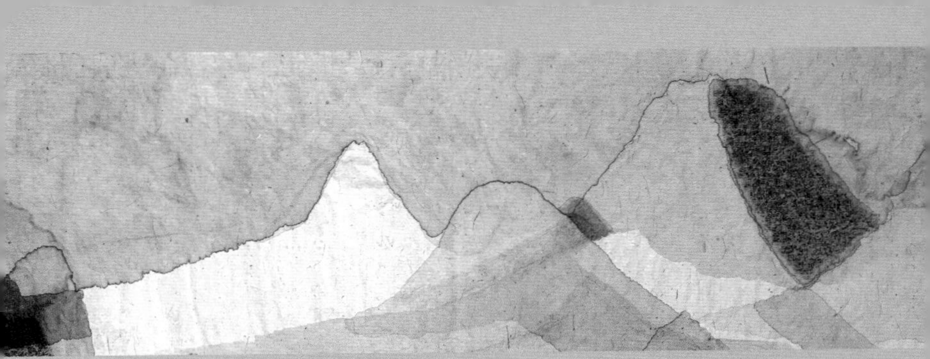

禅文化虽起源于印度，却繁荣于中国，是东方文化的精髓，千百年来兴盛不衰。由禅宗思想发源和演变而来的禅宗美学，更是受到中国的道家美学，尤其是庄子美学的影响。

庄子美学提倡本色之美，主张“天地自然”“物我为一”——人与自然是相互联系的统一整体，人应该从大自然中汲取灵感，得到启示。在《庄子·外篇·知北游》中，庄子提出了他的美学命题：“天地有大美而不言，四时有明法而不议，万物有成理而不说。”庄子认为，天地自身由“道”所派生出来的美，无须言语即可呈现；四季变化的规律，无须议论而自然明了；世间万物的内在逻辑，也无须人们刻意解释即已存在。人若领悟了这个道理，便不会再为利害得失所累，一切纯任自然。如此，人类的生活也会如“天地”那般，散发出“大美”之光。

自唐宋至今，禅宗美学思想对中国文人的审美观念影响深远。唐代诗人王维的“行到水穷处，坐看云起时”，宋代诗人黄庭坚的“无人知句法，秋月自澄江”，前者玄妙空灵，后者明晰可感，二者皆达到了禅诗的圆融境界。明末清初画家八大山人朱耷的作品，亦深受禅宗美学的影响，其笔墨洗练，大象无声，立意高远，达到了物我两忘的境界。

冬至的大地，“外枯而中膏，似淡而实美”。枯色中隐藏的生命力量，比流光溢彩之中的更加令人震撼。心随四季，从容流转，又何尝不是一种彻悟。冬至已至，春归有期。

水墨 / 蒋非然

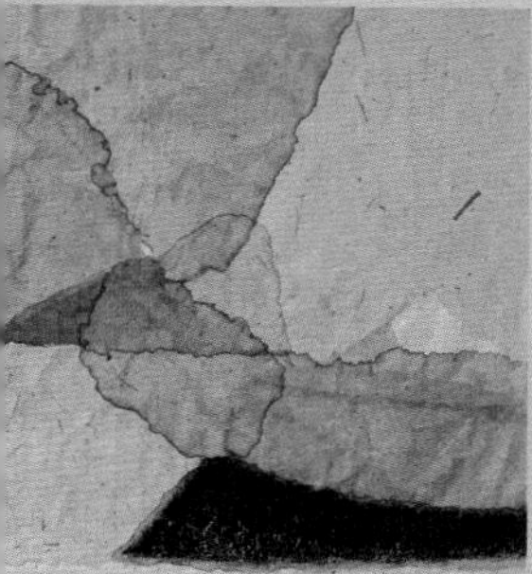

左 水墨 / 耿晓刚
海报 / 贺冰淞 右

冬至之物：九九消寒图

九九消寒图是明代文人发明的一种数九消寒的涂色游戏。

《帝京景物略》中有描述：

『日冬至，画素梅一枝，为瓣八十有一。日染一瓣，瓣尽而九九出，则春深矣，曰九九消寒图。』

这是古人为严寒冬日增添的一份雅趣。

Tips

“外枯而中膏，似淡而实美”

出自苏轼的《评韩柳诗》。
意思是：外表看似平淡无味，内在却充满了精华和美好。

冬至，曾为节气之首

二十四节气曾“以冬至为首，以大雪为尾”。
“阴极之至，阳气始生”，
冬至是一年中阴阳转换的关键节气，
也是非常重要的传统节日。

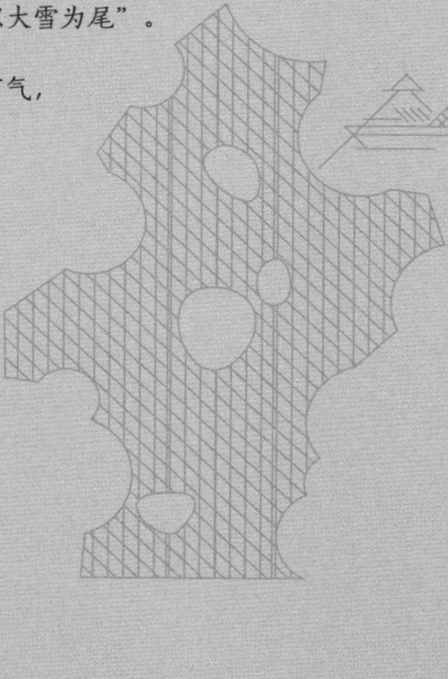

与冬至有关的歌谣

《数九歌》
一九二九不出手，
三九四九冰上走，
五九六九沿河看柳，
七九河开，
八九雁来，
九九加一九，
耕牛遍地走。

小寒
薄墨凝寒香

薄墨凝寒香
墨香岁月
诗意流年。

冷气积久而寒，小寒时节的到来标志着隆冬的开始。此时，北国的沃野山川，仿佛用薄墨画就，展笔挥毫之间，一幅气韵悠长的水墨画，便跃然天地之间。

墨色，本为玄黑之色，但遇水即能幻化无穷。古有“墨分五彩之说”，“五彩”指“浓、淡、润、渴、白”——浓欲其活，淡欲其华，润可取妍，渴能取险，白知守墨。墨色的世界，深奥而神秘，纯净又和谐，是颇富意境的传统中国色。

墨的历史悠久，仅次于笔，笔、墨、砚均起源于新石器时代晚期。最早记载墨的古文献是《尚书》和《仪礼》。《尚书》记载了墨刑，一种古代的刑罚，即在犯人额上刺字并以墨染色。《仪礼》记录了墨绳——古时一种用于建筑测量的工具。

在中国制墨史上，汉代和宋代是两个重要的历史阶段。汉之前主要使用石墨。石墨就是天然碳，古籍中有不少关于石墨的记载。如《水经注》载：“洛水之侧有石墨山，山石尽黑，可以书疏，故以石墨名山矣。”考古学家发现，早在商代，人们就开始用石墨书写文字，并且这种书写方式一直沿用到东汉末年。西晋大臣陆云在给其兄长陆机的信中透露，“曹公藏石墨数十万斤”。“曹公”即曹操。

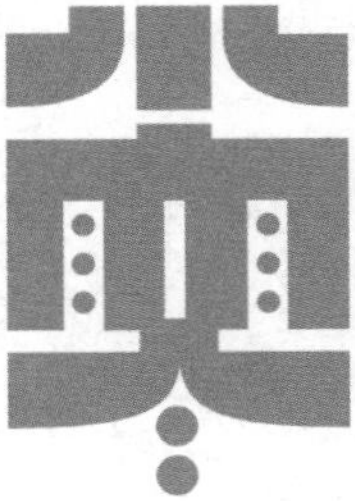

左 水墨／蒋非然
字体／严永亮 右

剪纸／赵希岗

大地二十四颜

小寒

后来，古人通过烧木取烟的技术，获得了更高质量的碳粉，松烟因此成为制墨的主要原料。在历代制墨名匠中，最负盛名者当属南唐李廷珪。相传，他制作的墨被后人誉为“天下第一品”，其质地之坚硬，不亚于石墨，甚至有“其墨能削木，误坠沟中，数月不坏”的传说。李廷珪还被后人誉为徽墨的奠基人。

到了宋代，松烟墨的制作工艺已变得非常考究，一方墨要经过七道工序才能完成。除松烟墨外，油烟墨也开始发展起来。宋代墨工张遇是油烟墨的始创者，以制作“龙香剂”墨而闻名。这种墨的配方一直流传至今，用这种配方制作的墨被誉为墨中极品。名墨也逐渐成为文人书案上的装饰品和欣赏物，甚至是珍藏的艺术品。

虎墨沉香，似水流年。转眼间，我们又辞别旧岁，迎来新年。小寒尤寒，望春向暖。

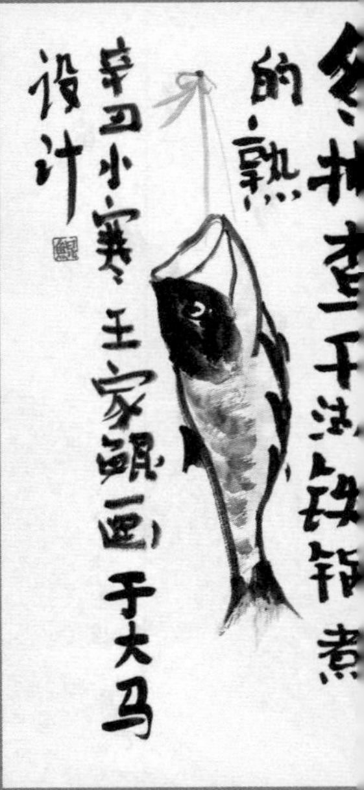

上 水墨 / 王家鲲

摄影 / 陈阳 下

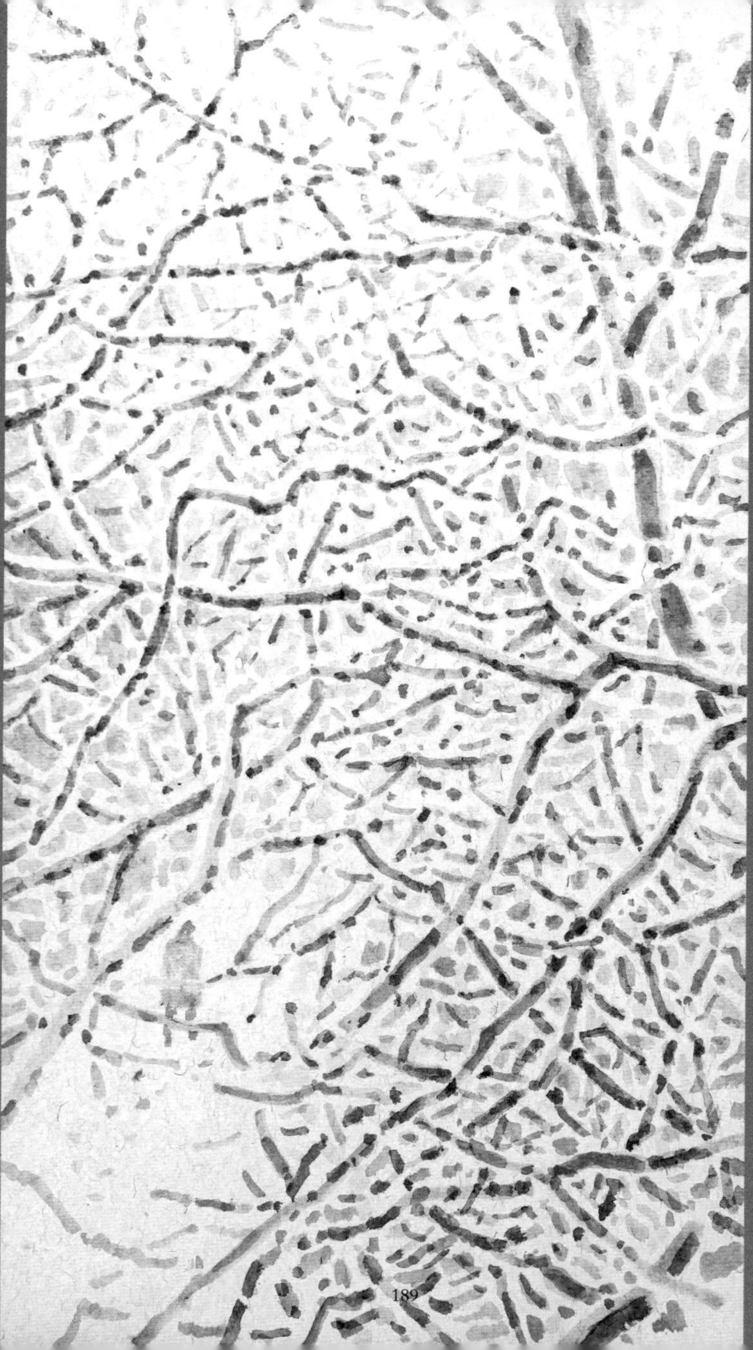

大地二十四颜　小寒

水墨／耿晓刚

小寒之物：冰车

冰车，一种能在冰面上滑行的玩具，其核心结构为两个木方制成的冰刀架，架上钉着一块板，再辅以两根冰锥作驱动力。

数九寒天，冰车在冰面上轻盈滑行，给孩子们带来无限欢乐。

冰车历史悠久，在古代被称为『冰床』或『凌床』，其雏形是古代北方地区冬季特有的交通工具——雪爬犁。

Tips

《水经注》

古代中国地理名著，共四十卷。
作者是北魏晚期的郦道元。
该书详细记载了中国一千多条大小河流及相关历史遗迹、人物掌故、神话传说等，
对研究中国古代的历史、地理有着重要的参考价值。

小寒与大寒，哪个更冷？

顾名思义，大寒更冷，
但有一句民谚：“小寒胜大寒”。
小寒节气正值“三九”前后，
“三九”标志着一年中最寒冷的日子即将来临。

冰嬉

北方人在冬季进行的一种传统冰上娱乐项目。
冰嬉在宋代已有相关文字记载，
经过元明两代的发展，冰嬉初见规模，
到了清代，冰嬉更是成为皇家冬季喜爱的消遣活动。
乾隆年间，冰嬉被钦定为“国俗”，
展演项目包括抢等、抢球和转龙射球等。

大寒
朱色祈丰年

朱色祈丰年

朱衣冠，执朱弓，挟朱矢。

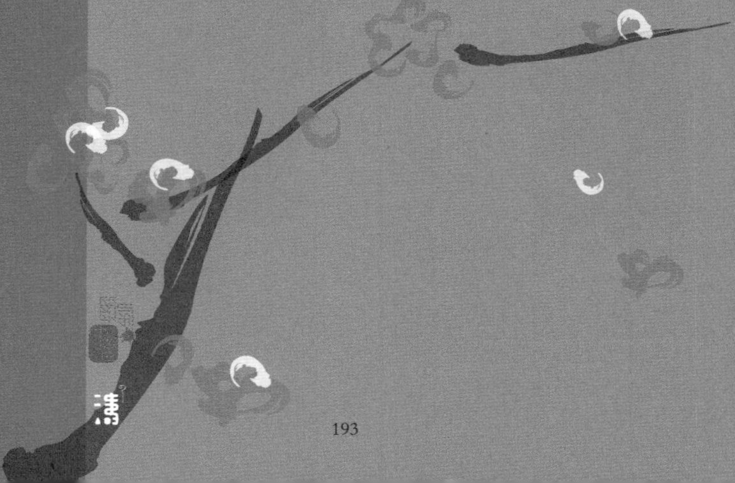

农谚有云：“小寒大寒，冻成一团”，严冬时节，最是难熬。农谚又有：“大寒到顶端，日后天渐暖”，大寒的到来，预示着冬天行将谢幕，春天翘首以盼。农谚还有：“过了大寒就是年”，大寒一到，闲月里的农家又要忙碌起来。忙什么呢？忙年。新年的脚步渐行渐近，最美“中国红”，也越来越多地映入人们的眼帘。

朱色，作为中国农历新年的主色调，自古以来在中国文化中占据着举足轻重的地位。它不仅象征着喜庆和热烈，也寓意着吉祥与幸福。朱色，即朱砂之色。朱砂是一种色红而艳丽的天然矿石，把它磨成粉末用于染色，其色经久不褪。

左 字体／严永亮

剪纸／赵希岗 右

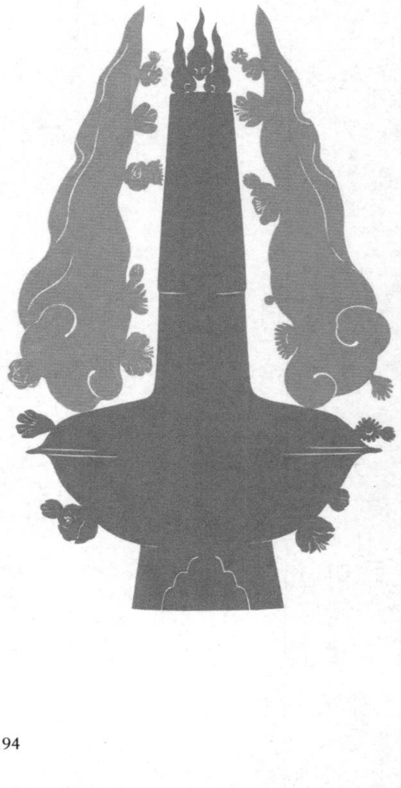

插画 / 唐波

自远古时代以来，我们的先祖就有“尚红”“崇红”的习俗。在中国传统五色“青、赤、黄、白、黑”中，赤者为红，红色是太阳、火焰与血液的颜色，它激发了人类对于自然、生命与美的初始想象。经过数千年的传承，源远流长的“中国红”最终成为中华儿女不变的信念与信仰。

朱色之所以如中国传统文化符号般地存在，是因为原始人类最早认识的天然正红色颜料，就来自朱砂。

早在新石器时代，先民便开始将朱砂用于血祭和用作红色颜料。秦汉时期的漆器和陶器上，经常能见到朱砂的身影。1972 年，长沙马王堆汉墓出土的大量彩绘印花的丝织品中，有不少花纹就是用朱砂绘制的。这些丝织品虽被埋葬长达两千年之久，但织物上的朱红色依旧鲜艳如初。“涂朱甲骨”是指把朱砂磨成粉末，涂嵌在甲骨文的刻痕中以示醒目。后世帝王沿用此法，用辰砂的红色粉末调成墨水书写批文，这就是“朱批”一词的由来。与此同时，朱砂还具有药用价值，属于矿物中药。

上 水墨／蒋非然
水墨／王家鲲 下

唐代诗人白居易用丹砂（即朱砂）来形容丹顶鹤的红顶：“低头乍恐丹砂落，晒翅常疑白雪消。”宋代诗人洪刍笔下的荔枝“仙果”分外悦目：“朱砂芒刺羞红颗，龙目团圆避赤丸。”元代诗人吴全节在《登大茅峰》中写道：“山高有仙水有龙，龙腹如篆朱砂红。”这天下“第一福地第一峰”怎能缺了朱色的加成。

一抹朱色，流转千年。它的国风古韵，为宫闱和贵胄增辉，令丹青与红装生彩。中国人对传统新年的美好祈愿，就蕴含在这满目的“中国红”里。大寒迎年，让我们用朱色祈丰年。

海报 / 贺冰淞

千门万户曈曈日
总把新桃换旧符

大寒之物：春联

春联的历史可以追溯到周代，
当时，民间迎年有悬挂桃符的习俗，
这些桃符上刻有『神荼』与『郁垒』的名字，
寓意着能够降鬼驱邪。
到了五代十国，桃符演变成春联。
后蜀国君孟昶在桃木板上写下『新年纳余庆，嘉节号长春』，
这被视为中国历史上最早的春联。
春联在明清两代尤为兴盛，
发展到今天已经有千余年的历史了。

Tips

与大寒有关的古诗词

《咏廿四气诗·大寒十二月中》
唐·元稹
腊酒自盈樽，金炉兽炭温。
大寒宜近火，无事莫开门。
冬与春交替，星周月讵存？
明朝换新律，梅柳待阳春。

《和仲蒙夜坐》
宋·文同
宿鸟惊飞断雁号，独凭幽几静尘劳。
风鸣北户霜威重，云压南山雪意高。
少睡始知茶效力，大寒须遣酒争豪。
砚冰已合灯花老，犹对群书拥敝袍。

《元日》
宋·王安石
爆竹声中一岁除，
春风送暖入屠苏。
千门万户曈曈日，
总把新桃换旧符。

大地二十四颜◆颜之捕手

二十四节气的色彩变化，犹如一首大自然绚丽且壮美的交响乐。不同节气的色彩，完美地诠释了中国传统色彩搭配的灵魂，为艺术创作带来无限的启示。从二十四节气的色彩变化中，我们可以捕捉到中国色的韵律与美感，使作品与自然和谐共生，产生强大的生命力和丰富的内涵。

李光安

上海杉达学院艺术设计与传媒学院院长
中国美术家协会会员

初学绘画，识得颜色有冷暖之感，颇觉神奇。接触中国画后，知晓了红、黄、蓝可以用老祖宗的朱磦、藤黄、焦茶来唯美呈现。

中国色与二十四节气堪称绝配：没有汉紫，惊蛰失色；冬至来临，枯色烬燃。若仅关注节气变化，只是体肤冷暖之感，中国色的运用，却让我们触摸到了清新、收获、漫长与希望之“颜”。

杜少峰

插画家
河北省美术家协会会员

赵希岗

北京建筑大学建筑与城市规划学院
学术委员会委员
现代剪纸艺术研究院院长
中国出版协会装帧艺委会委员

故乡和童年总能激发人类一种莫名的情愫，让艺术家产生源源不断的灵感。在二十四节气剪纸作品中，一切都“丰硕肥美”，充盈着生命的色彩：春分时，牛羊兔儿满地撒欢儿；夏至时，荷花丛生、瓜果满地；秋分时，猪鸡肥美、谷子弯了腰；冬至时，天地一弯平月，安详宁静。

在纸面那方“宇宙”中，俗与雅、东方与西方、欢快与节制达成了一种平衡。手不离剪，剪出“东方之颜”。

贺冰凇

贺冰凇视觉艺术品牌创始人
曾任法国阳狮广告公司艺术指导

二十四节气是中国人与自然天地的诗意对话，中国色彩是这部史诗中最浪漫的篇章。它记录了四季的温度与气息，演奏出张弛有度的音律。春，“万条垂下绿丝绦”；夏，“日出江花红胜火”；秋，“黄落山川知晚秋”；冬，“白茫茫大地真干净”。中国色彩，“情不知所起，一往而深！”

小时候，听说立秋那天树叶会自己翻个儿，于是寻了片杨树叶放在墙根儿。但转头就玩忘了，直到现在也没验证。这正好给儿时的记忆留下了些许未知与温暖。

记忆里，春是桃色，和着梨花和柳絮，成了粉；夏是热且呱噪的深绿；最喜欢家乡的秋，风起满地黄叶，记忆里有雨下不停；我的冬是灰色的，入眼荒寒一洒然。再回首，仿若契阔相逢。

李啸海

画家、平面设计师
山东工艺美术学院副教授

春的嫩绿，夏的郁葱，秋的斑斓，冬的肃穆，四季的色彩不仅是视觉的直观体现，更是每个人内心深藏的那份期许。

我们用绘画语言呈现时令的流转，让更多的人感知节气带来的那份自在、温暖与从容。与其说“中国色里的节气”，不如说“节气创造了中国色”。

耿晓刚

职业艺术家
北京美术家协会会员
方正字库签约字体设计师

蒋非然

中国美术家协会会员
河北画院专职画家

大地从沉睡中苏醒，是生命的颜色；阳光炽热，万物生长旺盛，是热情的颜色；金黄的稻田在阳光下熠熠生辉，是美好的颜色；雪花纷纷扬扬，飘落在大地上，是静谧的颜色。愿我们都能在这四时更替、色彩斑斓的岁月里，珍惜每一刻的美好时光，活出精彩人生。

肖靖

设计工作者、主任编辑
联合策展人

东方之美，美在四季，美在它展现了天地万物的颜色。设计作品与古为徒，汲古为新，尝试用中国传统书法与富有大量物象细节的现代视觉语言表达方式，辅以中国传统色彩搭配，富有意趣地表达二十四节气的微妙变化，或青或绿，或点或面，尽其精微，以形达意。

节气，曾深深根植于中华民族的四季变迁之中。如今时令仍在，我们却因远离自然而钝化了对季节的感受。

在现代生活里，我们尝试重新体验四季的变迁。以镜头记录时间之痕，将承载着深厚文化内涵的传统中国色植入城市空间，融合现代视觉构建方式，向传统的人文美学致敬。

白雪涛

自由摄影师、“坊间”创始人
中央民族大学特邀讲师

春天甲乙寅卯木，知微绿；夏天丙丁巳午火，吐蕃秀；秋天庚辛申酉金，白露生；冬天壬癸亥子水，有所念，如所愿。仓颉造字功德感天，生生之谓易，生意露色彩。春生夏长，秋收冬藏。

严永亮

仓耳屏显字库创始人
CDS 中国设计师沙龙理事

陈阳

摄影师
环球旅行家

阳光，是最懂色彩的，有光的存在，才能有色彩。明明是同一角度，不同的辰光，不同的光影，缓缓涂抹着斑斓的律动。

摄影，总是在等待某一刻的阳光，呈现最让自己爱恋的颜色，就像一幅生活的画卷在大幕布上缓缓显影，有一种虽平和但生动的力量感。

徐伟

浙江省美术家协会会员
深圳市平面设计协会（SGDA）会员

以现代人的视角，把古老的二十四节气用设计语言诠释与呈现，赋予古老文化以新的生机。进行节气作品创作，是我学习与感悟中国优秀传统文化的过程。我致力于将熟悉的风土人情融入设计之中，并尝试各种表现方式，力求呈现浅显易懂、雅俗共赏的作品，更纯粹地表达我对中国节气文化的理解。

色彩，是一个民族的皮肤，依物而生；色彩，是一个国度的美学，因光而现；色彩，是一种文明的天道，在心而识。春雨润万物，是万物复苏的嫩青；夏日荫凉，是郁郁葱葱的浓绿；秋日寂寥，却也有枫叶如火的赤橙；冬日静谧，烟蓝的天空在暮色里渐白。这种活态的中国色彩，与人共生。

唐波

中国设计师沙龙理事
中国包装联合会设计委员会委员

二十四节气是农耕文明的产物，蕴含了中华民族悠久的文化内涵和历史积淀。青、黄、赤、白、黑，作为中国传统五色，对后世产生了深远的影响，并演变出更为丰富的颜色，影响着我们的生活和艺术创作，使得艺术家的创作和自然更能融为一体。

王红韬

折纸艺术家
香港折纸协会会员

张冬萍

中央民族大学讲师
中国民间文艺家协会会员
中国工艺美术学会会员

二十四节气是中国人的生活美学，赋予了岁时节序浓郁的生活色彩。中国的节气之美在民间，剪纸是民间物候观念的具象化表现。一把剪刀与四季的情愫，点亮了四时光景的生命底色。这大概就是中国人的浪漫，也是“了不起的中国颜色”。

王家鲲

2010 年生于长春，3 岁开始画画
10 岁时已创作作品超过 7000 幅

当季节的色彩与名副其实的小饕客相遇，春天的缤纷生机瞬间定格为东北刺老芽，冬日的银装素裹摇身一变成了查干湖的胖头鱼……

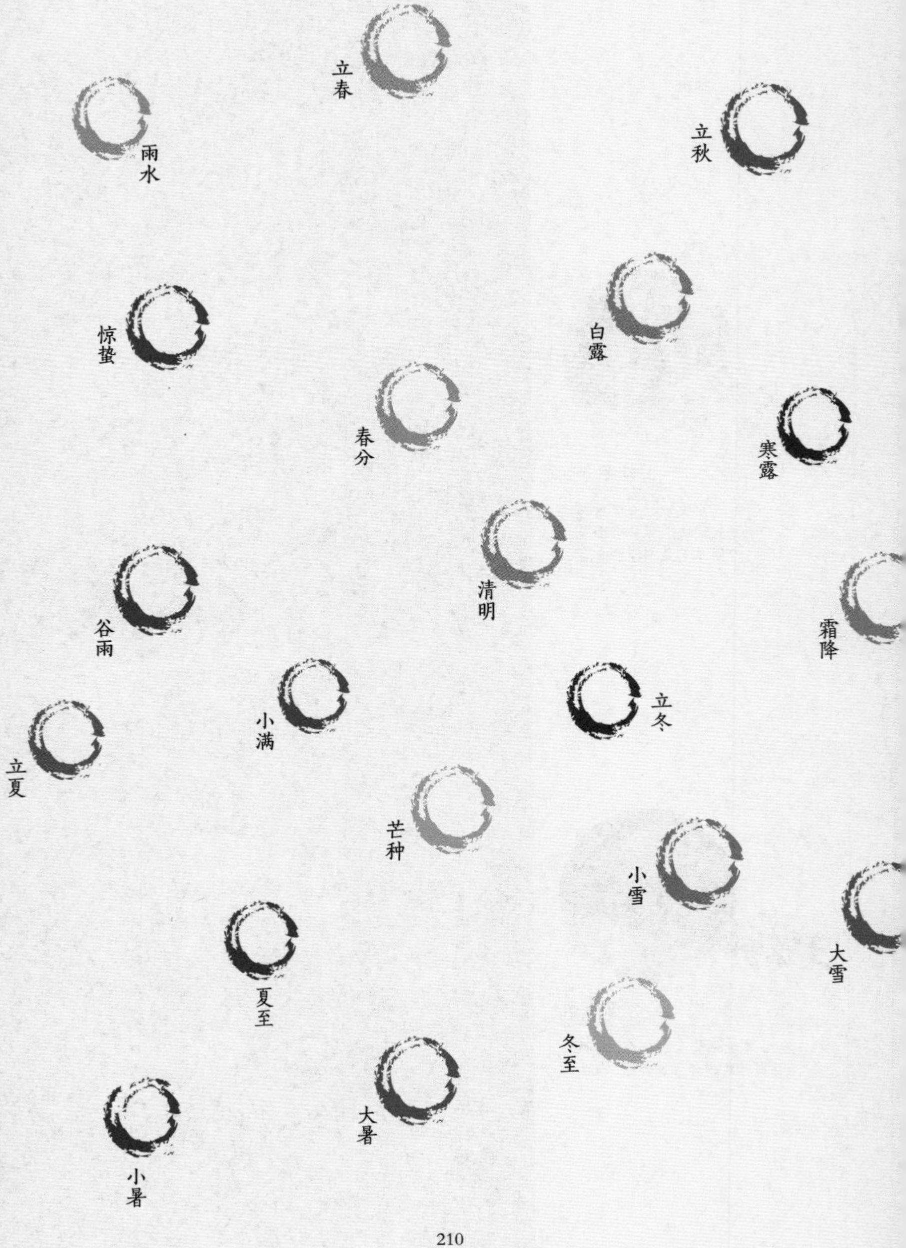
立春
雨水
立秋
惊蛰
白露
春分
寒露
清明
谷雨
霜降
小满
立冬
立夏
芒种
小雪
大雪
夏至
冬至
大暑
小暑

处暑

后记

秋分

东方之美，如是色也。

中国传统色彩，

历经数千年的浸润、积淀与传承，

不仅未丧失其美感，反而更增添了厚重的底蕴。

从立春到大暑

从秋分到冬至

二十四节气的每一种色彩，

都拥有其独一无二的情致、意蕴与内涵，

都是过去与未来的联通，生命与灵魂的交融。

柳黄、天青、汉紫、桃粉、茶绿、胭脂；

竹青、毛月、垄黄、绿沈、青莲、炎色；

晴蓝、秋色、水色、月黄、鸦青、柿红；

黛色、霁青、火泥、枯色、薄墨、朱色。

共同装点

大地二十四颜。

小寒

大寒

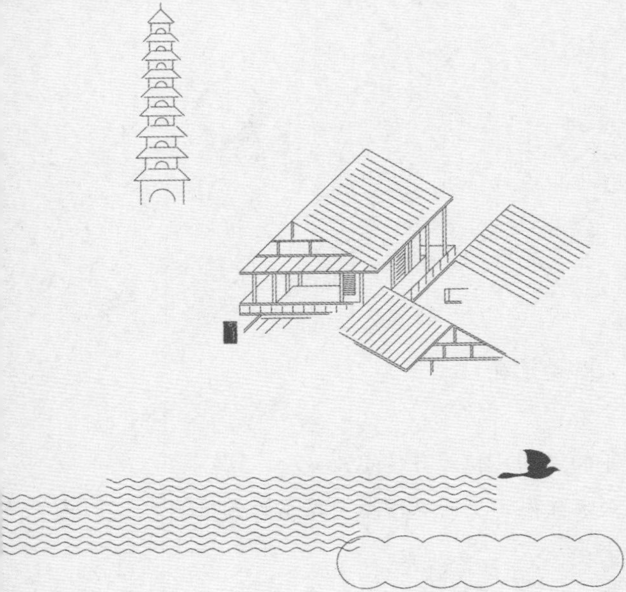

蒋云涛

资深设计师

赏未发起人

致力于以现代的视觉语言、唯美的呈现方式，

演绎中国传统文化的魅力，让文化浸润心灵。

一 方

资深媒体人

赏未联合创始人

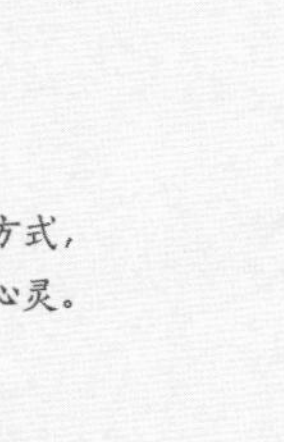

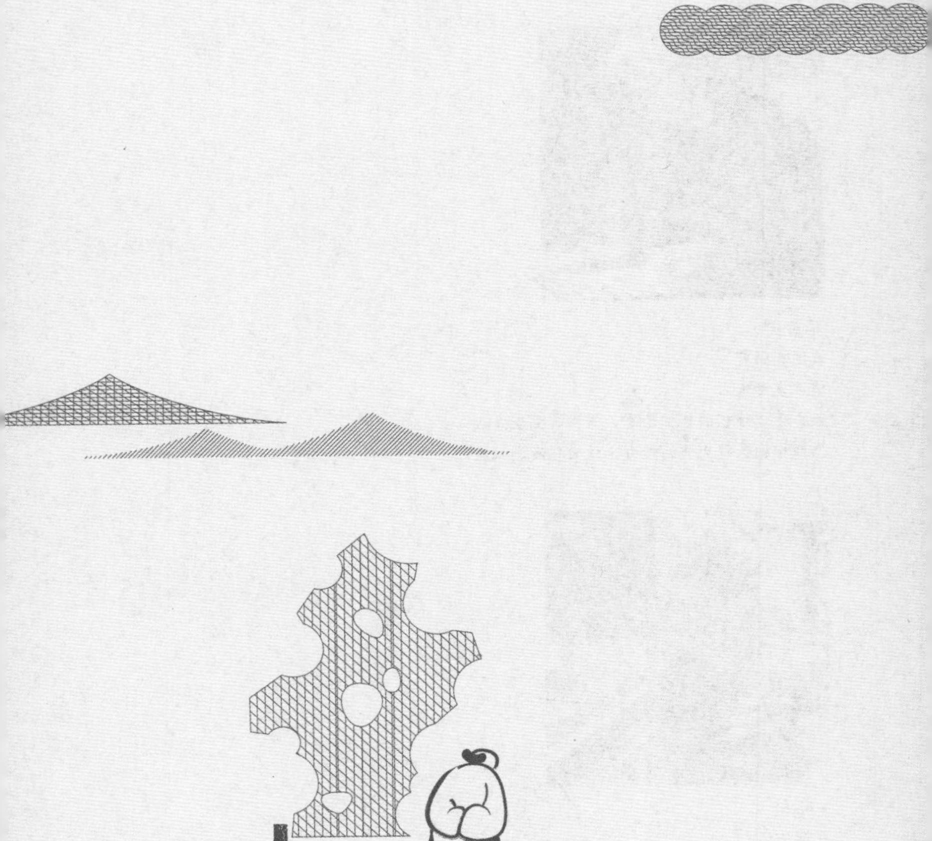

策划编辑：许文瑛 徐竞然
特约策划：郑连娟
文字编辑：刘阳

封面设计：蒋云涛
版式设计：如风
撰文：一方
插图：如风

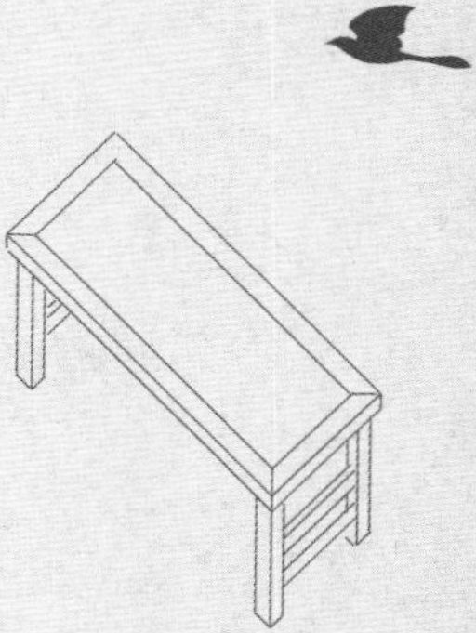

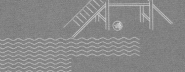

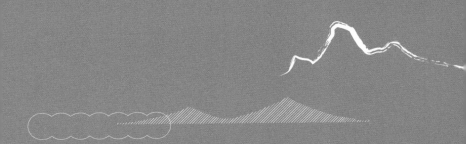

七色环衬各有寓意，
你是否遇见了心仪的颜色？